PRINCIPES

Collection dirigée par Annie REITHMANN

L'INDISPENSABLE DE LA PHYSIQUE-CHIMIE

Claire MOLLARD

SOMMAIRE

PARTIE X

Deux types de réactions fondamentales : redox et acide/base

PARTIE XI

PARTIE XII

PARTIE XIII

PARTIE XIV

PARTIE XV

PARTIE XVI

PARTIE XVII

INTRODUCTION

Les premières années à l'Université sont remplies d'embûches pour les nouveaux étudiants. En plus du changement d'environnement et d'échelle, ils doivent s'adapter à un état d'esprit et à une manière de travailler totalement différente. Les exigences sont accrues et ils doivent impérativement être capables de travailler seul et de compléter les bases acquises en cours par la lecture d'ouvrages de référence.

La physique et la chimie sont deux sciences complémentaires permettant de comprendre le fonctionnement et la structure de la matière. Le programme couvert par les trois années de licence est très vaste. Son but est de permettre l'assimilation des notions les plus fondamentales afin d'orienter l'étudiant vers une matière de prédilection pour les années suivantes. Cependant, cette orientation essentielle est parfois difficile. Ce livre a pour objet de la rendre plus aisée en facilitant une prise de recul indispensable par rapport à ces deux matières.

En effet, ce livre souligne les points les plus complexes du programme et les illustre par des exemples clairs et structurés. Il n'a pas pour ambition de remplacer les ouvrages spécialisés sur les différentes parties du programme, mais son rôle est de guider l'étudiant en lui apportant les notions nécessaires pour réussir les examens. C'est donc un ouvrage de clarification et de synthèse. Il se pose comme une carte d'orientation au service de la pédagogie et des choix académiques fondamentaux que les étudiants doivent faire dans un contexte parfois peu lisible.

PARTIE I

LES PARTICULES DE GRANDE ÉNERGIE

MODÈLE QUANTIQUE DE L'ATOME

1. Rappels de mécanique newtonienne

Soit un point matériel M de masse *m* et de vecteur vitesse v dans le repère $\mathcal{R}$. Sa quantité de mouvement et son énergie cinétique dans le repère sont :

$$\boxed{\vec{p} = \vec{m} \cdot \vec{v}} \quad \boxed{Ec = \frac{1}{2} m \cdot v^2}$$

Si M est soumis à une force F dans le repère galiléen $\mathcal{R}_0$.
À chaque instant :

$$\boxed{\frac{d\vec{p}}{dt} = \vec{F}}$$ relation fondamentale de la dynamique.

Entre deux instants :

$$\boxed{Ec_2 - Ec_1 = \overline{W}_{\vec{F}}}$$ théorème de l'énergie cinétique.

Mais la mécanique newtonienne est insuffisante pour expliquer certains faits expérimentaux.
Il faut alors utiliser la mécanique relativiste.

2. Rappels de mécanique relativiste

- La vitesse d'une onde électromagnétique dans le vide est la même dans tous les repères galiléens :

$$\boxed{c = 3\,10^8 \text{ m.s}^{-1}}$$

- Par rapport à un repère galiléen, une particule matérielle de masse non nulle a une vitesse inférieure à c. (c est une vitesse limite).

a) Coefficients β et γ

Soit v la vitesse d'une particule matérielle dans un repère galiléen, on pose :

$$\boxed{\beta = \frac{c}{v} \qquad \gamma = \frac{1}{\sqrt{1 - \frac{v^2}{c^2}}}}$$

$0 \leqslant \beta \leqslant 1$ puisque $0 \leqslant v < c$;
$1 \leqslant \gamma \quad \gamma = 1$ lorsque $v = 0$.

La quantité de mouvement d'une particule matérielle est :

$$\boxed{\vec{p} = \gamma \cdot m \cdot \vec{v}}$$

b) Énergies

L'énergie d'une particule est :

$$\boxed{E = \gamma \cdot m \cdot c^2}$$

$$\boxed{E_0 = m \cdot c^2}$$

Lorsque la particule est immobile $v = 0, \gamma = 1$.

L'énergie cinétique de la particule est :

$$\boxed{Ec = E - m \cdot c^2}.$$

c) Lois de la dynamique

Soit une particule soumise à une force F dans un repère galiléen.
À chaque instant :

$$\boxed{\frac{\overrightarrow{dp}}{dt} = \vec{F}}$$

Entre deux instants :

$$\boxed{E_2 - E_1 = \overline{W}_{\vec{F}}}$$

Comme $E_2 = mc^2 + Ec_2$ et $E_1 = mc^2 + Ec_1$ alors on peut écrire :

$$\boxed{Ec_2 - Ec_1 = \overline{W}_{\vec{F}}}.$$

Les lois de la dynamique sont les mêmes qu'en mécanique newtonienne mais les définitions des quantités de mouvement et d'énergie cinétique diffèrent.
Si la particule ne subit pas d'action :

$$\vec{F} = \vec{0} \Rightarrow \frac{\overrightarrow{dp}}{dt} = \vec{0} \Rightarrow \vec{p} = \overrightarrow{Cste}$$

$$E_2 - E_1 = 0 \Rightarrow E_2 = E_1 = Cste.$$

d) Relation sans γ

$$\left.\begin{matrix} p = \gamma \cdot m \cdot v \\ E = \gamma \cdot m \cdot c^2 \end{matrix}\right\} \Rightarrow \frac{p}{E} = \frac{\gamma \cdot m \cdot v}{\gamma \cdot m \cdot c^2} \Rightarrow \frac{p}{E} = \frac{v}{c^2} \Rightarrow \boxed{\frac{pc}{E} = \frac{v}{c}}$$

pc est une énergie.

Relation fondamentale :

$$\boxed{E = \sqrt{(pc)^2 + (mc^2)^2}}.$$

e) Quantité de mouvement d'une particule chargée

Une particule de masse m, de charge q, lancée dans un champ magnétique uniforme avec une vitesse initiale v_0 dont le vecteur est perpendiculaire au champ magnétique B, possède un mouvement circulaire uniforme.

Le rayon de la trajectoire est :

$$R = \frac{P}{|q| \cdot B}.$$

3. Spectre d'émission de l'atome d'hydrogène

En physique classique l'énergie s'échange de manière continue.

L'atome d'hydrogène est constitué d'un proton et d'un électron. Il se comporte comme une particule liée.

$^{1}_{1}H$	masse	charge
Proton	$1{,}673\ 10^{-27}$ kg	$1{,}602\ 10^{-19}$ C
Électron	$9{,}1\ 10^{-31}$ kg	$-1{,}602\ 10^{-19}$ C

En recevant de l'énergie, l'atome passe de l'état fondamental (état le plus stable de faible énergie) à un état excité (d'un niveau d'énergie supérieure).

Depuis cet état, l'atome retourne à un état de plus basse énergie par émission d'une radiation électromagnétique. Cette radiation est une onde monochromatique de fréquence ν telle que :

- Passage d'un état excité E_n à un niveau inférieur E_n :

$$h \cdot \nu = E_n^* - Ep^*$$

- Passage à l'état fondamental :

$$h \cdot \nu = E^* - E_f$$

(Où h est la constante de Planck : $6{,}62\ 10^{-34}$ J.s).

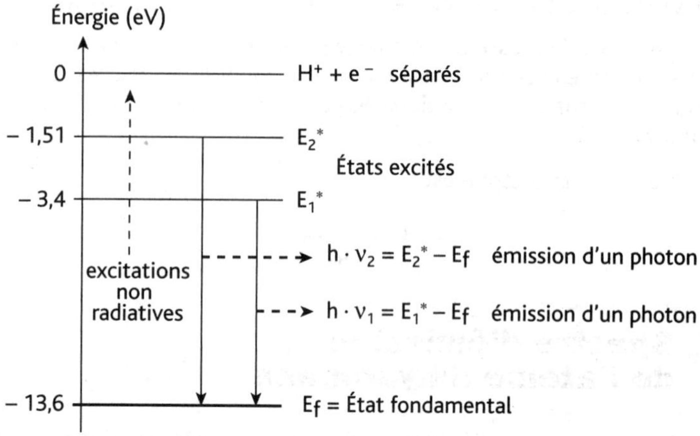

Série de Balmer

Un montage simple permet de visualiser le spectre d'émission de l'hydrogène. Il est caractérisé par quatre raies visibles (656 nm, raie $H\alpha$ orange, 486 nm, raie $H\beta$ bleue, 434 et 410 nm raies $H\gamma$ $H\delta$ violettes) et de nombreuses raies situées dans l'IR et l'UV.

Lorsque la transition décroissante est telle que l'état final est l'état d'énergie E_2, la radiation émise appartient à la série de Balmer.

Les longueurs d'onde des radiations de cette série se calculent avec la formule :

$$\frac{1}{\lambda} = R_H\left(\frac{1}{2^2} - \frac{1}{n^2}\right) \text{ avec } \boxed{R_H = 1{,}09567\ 10^7\ m^{-1}}.$$

En donnant à n les valeurs (3, 4, ..., ∞) on détermine l'ensemble des radiations de cette série.

Les quatre premières radiations sont dans le visible, elles correspondent aux raies $H\alpha$, $H\beta$, $H\gamma$, $H\delta$ observées dans le spectre de l'hydrogène.

Les autres raies sont dans l'UV proche, la longueur d'onde limite de la série est 365 nm, elle correspond à $n = \infty$.

Série de Lyman

Elle est située dans l'UV, sa raie limite est de $\lambda = 91$ nm. Elle vérifie la relation :

$$\frac{1}{\lambda} = a + \frac{b}{n^2} \text{ avec } a = 1{,}0989\ 10^7\ m^{-1}.$$

Série de l'infra-rouge

Elle correspond à des échanges énergétiques moindres et pour lesquels on a des relations analogues.

Les résultats expérimentaux peuvent être généralisés.

Chacune des raies du spectre d'émission de l'atome d'hydrogène peut être caractérisée par un nombre d'ondes tel que :

$$\bar{\nu} = \frac{1}{\lambda} \quad \bar{\nu} = R_H\left(\frac{1}{n^2} - \frac{1}{m^2}\right).$$

• **n** est un entier non nul caractérisant la série :
(n = 1 : Lyman, n = 2 : Balmer,etc.).

• **m** est un entier prenant des valeurs à partir de (n + 1) et caractérisant chacune des raies de la série.

• R_H est la constante de Rydberg.

4. Dualité onde-corpuscule

a) Le photon

L'énergie lumineuse possède un double aspect : ondulatoire et corpusculaire.
Un faisceau de lumière monochromatique peut être exprimé de deux manières :

• Onde électromagnétique plane progressive de fréquence ν et de longueur d'onde λ, de vecteur d'onde $\frac{2\pi}{\lambda}$.

• Flux de photons de quantité de mouvement p et d'énergie $E = pc = h \cdot \nu$.
Les deux phénomènes sont liés par la longueur d'onde (théorie ondulatoire) et la quantité de mouvement (théorie corpusculaire).

C'est la dualité onde-corpuscule du photon.

b) Extension aux autres particules

Proposée par Louis de Broglie la dualité s'exprime ainsi :
À une particule de masse **m** d'énergie **E** et de quantité de mouvement **p** on associe une onde de fréquence ν et de longueur d'onde λ telles que :

$$\boxed{E = h \cdot \nu \quad \text{et} \quad \lambda = \frac{h}{p}}.$$

Dans ce cas l'onde est une onde de matière.

c) La fonction d'onde

Pour décrire l'état dynamique d'une particule on utilise l'expression mathématique de la fonction d'onde notée $\phi(x, y, z, t)$. Cette fonction donne la totalité des informations concernant la particule : états quantiques et niveaux d'énergies.

Dans l'état stationnaire les atomes sont dans un état indépendant du temps, on utilisera alors la fonction simplifiée $\psi(x, y, z)$ que l'on nommera fonction d'onde.

Pour une particule de masse **m** d'énergie totale **E**, d'énergie potentielle d'interaction **V**, la fonction d'onde est reliée aux grandeurs énergétiques et aux coordonnées d'espace par **l'équation de Schrödinger** :

$$\boxed{\Delta\psi + \frac{8\pi^2 m}{h^2}(E - V)\Psi = 0}$$

où $\Delta\psi$ est l'opérateur laplacien, soit en coordonnées cartésiennes :

$$\boxed{\Delta\psi = \frac{\partial^2\psi}{\partial x^2} + \frac{\partial^2\psi}{\partial y^2} + \frac{\partial^2\psi}{\partial z^2}}.$$

• **Propriété de la fonction d'onde :**

Dans l'espace, soit un volume élémentaire **dV** entourant un point **M** de coordonnées (x, y, z). La grandeur physique associée à la fonction d'onde $\Delta\psi$ est la probabilité élémentaire **dP** de trouver la particule dans ce volume dV.

$$dP = \psi(x, y, z) \cdot \psi^*(x, y, z) \cdot dV.$$

ψ^* est la fonction complexe conjuguée de ψ, donc :

$$dP = |\psi(x, y, z)|^2 \cdot dV.$$

En étendant dV à tout l'espace, la probabilité de présence de la particule sera égale à 1, donc la condition de norme de la fonction est :

$$\boxed{\iiint |\psi(x, y, z)|^2 \cdot dV = 1}.$$

Pour être solution de l'équation de Schrödinger la fonction d'onde $\psi(x, y, z)$ doit satisfaire les conditions suivantes :

• ψ et toutes ses dérivées premières sont continues.

• ψ est de carré sommable : y doit tendre vers zéro, ou être borné, quand x, y, z tendent vers l'infini.

• **Calculs :**

L'équation fondamentale peut être simplifiée en utilisant l'opérateur hamiltonien H.

$$\Delta\psi + \frac{8\pi^2 m}{h^2}(E - V)\psi = 0 \quad \Leftrightarrow \quad -\frac{h^2}{8\pi^2 m}\Delta\psi + V\psi = E \cdot \psi$$

soit : $\boxed{H(\psi) = E \cdot \psi}$.

d) Fonction d'onde radiale

L'énergie potentielle électrostatique de l'électron dans le champ du noyau est :

$$Ep = -\frac{1}{4 \cdot \pi \cdot \varepsilon_0}\frac{e^2}{r}$$

r est le rayon de l'atome d'hydrogène, c'est-à-dire la distance entre le proton et l'électron. L'atome étant « sphérique » il faut travailler en coordonnées sphériques.

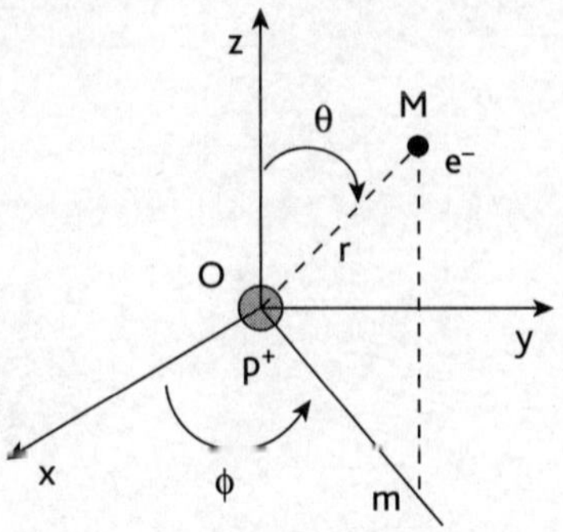

$$\Delta\psi = \frac{\partial^2\psi}{\partial x^2} + \frac{\partial^2\psi}{\partial y^2} + \frac{\partial^2\psi}{\partial z^2} \quad \Rightarrow \quad \Delta\psi = \frac{\partial^2\psi}{\partial r^2} + \frac{2}{r}\frac{\partial\psi}{\partial r}$$

$$\Rightarrow \quad \lambda^2 + \frac{2}{r}(-\lambda) + \frac{8\pi^2 m}{h^2}\left(E + \frac{e^2}{4 \cdot \pi \cdot \varepsilon_0 r}\right) = 0$$

$$\Rightarrow \quad \frac{\partial^2\psi}{\partial r^2} + \frac{2}{r}\frac{\partial\psi}{\partial r} - \frac{8\pi^2 m}{h^2}\left(E + \frac{e^2}{4 \cdot \pi \cdot \varepsilon_0 r}\right) = 0$$

$$\Rightarrow \quad \lambda^2 + \frac{8\pi^2 m}{h^2}E + \frac{1}{r}\left(\frac{8\pi^2 m e^2}{4 \cdot \pi \cdot \varepsilon_0 \lambda^2} - 2\lambda\right) = 0$$

Cette solution est vérifiée si :

$$\lambda = \frac{8\pi^2 m e^2}{8\pi\varepsilon_0 h^2} \quad \text{et} \quad E = -\frac{h^2}{8\pi^2 m}\lambda^2$$

Pour un état ondulatoire solution de l'équation de Schrödinger, la particule possède un niveau énergétique négatif.

5. Principe de Heiserberg

C'est un principe d'incertitude, il permet de tracer une limite entre les systèmes qui suivent les principes de la mécanique classique et ceux qui suivent la mécanique corpusculaire.
Il est physiquement impossible de déterminer, donc de connaître avec autant de précision souhaitée les valeurs de deux grandeurs physiques conjuguées, comme le sont par exemple les coordonnées d'espace et de la quantité de mouvement.
Le produit des incertitudes sur ces deux grandeurs est toujours de l'ordre de grandeur de la constante de Planck :

$$\Delta(x) \cdot \Delta p(x) \simeq \frac{h}{2\pi}.$$

PARTIE II

CHIMIE GÉNÉRALE

1. Généralités sur l'atome

• Les atomes sont très petits. Par exemple, l'atome H_2 a un diamètre de 0,6 Å (1Å = 10^{-8} cm) , et a une masse de 1,673 10^{-24}g .

En général, leur taille n'est que de quelques Å maximum.

• L'atome est constitué de particules plus petites :

• *L'électron* : symbole **e^-** masse de 9,108 10^{-31} Kg .

• *Le proton* : symbole **p** masse de 1,6724 10^{-27} Kg .

• *Le neutron* : symbole **n** masse de 1,6747 10^{-27} Kg .

Proton et neutron ont une masse 2 000 fois plus élevée que l'électron, ils constituent le noyau de l'atome.
Le proton et l'électron ont une charge électrique :

e^- = −1,6 10^{-19} Coulomb (C).

p = +1,6 10^{-19} C .

Le neutron n'a pas de charge électrique, d'où son nom.

Ce qui différencie les diverses espèces d'atomes, c'est le nombre de ces différentes particules élémentaires.

Les propriétés des atomes varient en fonction du nombre des particules élémentaires.
Il existe 92 atomes naturels et 11 artificiels. Ils sont regroupés dans le tableau périodique des éléments.
(L'étude du tableau est le sujet d'un chapitre.)

2. Le noyau

a) Le modèle de Rutherford

Il veut que les particules lourdes, p et n soient regroupées dans un petit volume appelé le noyau. Les particules légères e^-, occupent un grand volume autour de ce noyau : c'est le nuage électronique.

L'atome est électriquement neutre : il y a donc toujours autant de protons que d'électrons. Le nombre de neutrons est variable.

$$^{A}_{Z}X$$

On représente le noyau d'un élément par le symbole : **X**

Z est le nombre de protons.

A est le nombre de nucléons : p + n = nombre de masse : Z + N .

N : nombre de neutrons.

b) DÉFINITIONS

• **Les isotopes :** Un même élément peut présenter des atomes différents : ces variétés d'atomes ont toutes le même nombre de protons (même Z), mais peuvent avoir un nombre de neutrons différent, ce qui leur confère un A différent.

Exemple : L'oxygène existe sous forme de 3 atomes possédant 8, 9 et 10 neutrons. On dit que l'oxygène naturel est composé de 3 NUCLÉIDES qui sont ISOTOPES les uns des autres.

L'élément est défini par Z
Le nucléide est défini par A

Un élément naturel est en général un mélange de nucléides.
Les propriétés chimiques d'un atome dépendent surtout du nombre d'électrons, donc les isotopes ont environ les mêmes propriétés chimiques.

3. Les unités de mesure

• **L'uma :** La masse d'un atome étant très petite, le Kg est une unité mal adaptée. On a défini une autre unité :

l'Unité de Masse Atomique = uma.

$$1 \text{ uma} = \frac{1}{12} \text{ de la masse de l'atome } {}^{12}C.$$

La masse de ${}^{12}C$ est déterminée avec précision : elle est de $1{,}9934\ 10^{-23}$g.

Donc :
$$\mathbf{1\ uma} = \frac{1{,}9934\ 10^{-23}}{12} = \mathbf{1{,}6612\ 10^{-24}g}.$$

• **La mole :** De même on a inventé une unité de quantité de matière qui s'appelle la mole. La mole contient autant d'unités qu'il y a d'atomes dans 12 g de carbone ${}^{12}C$.

$$N = \frac{12g}{1{,}99\ 10^{-23}g} = 6{,}02\ 10^{23} \text{ Nombre d'Avogadro}.$$

Donc dans une mole d'un élément il y a $6{,}02\ 10^{23}$ atomes de cet élément.
Comme un atome de ${}^{12}C$ pèse 12 uma, une mole de ${}^{12}C$ pèse 12 grammes.

• **Masse molaire atomique** : un élément naturel est un mélange de plusieurs nucléides. La masse d'une mole de cet élément est donc la masse d'une mole de ces nucléides compte tenu de leurs abondances isotopiques naturelles.

4. La structure électronique

On ne peut pas connaître la répartition des électrons autour du noyau : leur masse est trop faible et leur vitesse trop grande, de plus ils ont une forte énergie d'interaction avec le noyau. Leurs mouvements sont incohérents et soumis à des lois statistiques.

On a donc établi des « modèles électroniques » qui donnent une répartition vraisemblable des électrons autour du noyau.

a) Le modèle de Bohr

Les électrons gravitent autour du noyau sur des orbites successives que l'on représente par des cercles concentriques.
Chaque orbite ne peut contenir qu'un nombre limité d'électrons donné par **$2n^2$**, n étant le numéro de l'orbite.
Quand une couche est saturée on ajoute les électons sur la suivante.

Exemple : Pour le ^{12}C $Z = 6 =$ nombre de protons donc 6 électrons.

$2n^2 \Rightarrow$ 1re couche $n = 1 \Rightarrow 2e^-$

2e couche $n = 2 \Rightarrow 8e^-$

Ce modèle permet de montrer que les électrons possèdent une certaine énergie par rapport au noyau. Les électrons peuvent changer d'orbite par des « sauts d'énergie ».
Dans l'état fondamental les électrons se trouvent le plus près possible du noyau.
On peut donc décrire la structure électronique d'un élément en disposant ses électrons sur ses couches.

• **Avantages** : • Facile à représenter

• On retrouve facilement la structure électronique à partir du tableau périodique : le numéro de la colonne donne le nombre d'électrons de la couche externe et la valeur de n est indiquée par la période du tableau.

• **Inconvénient** : À partir de la couche 3 il ne permet plus d'expliquer les propriétés des éléments.

b) Le modèle quantique

On admet qu'il est impossible de représenter la trajectoire d'un électon, on le caractérise par son niveau d'énergie par rapport au noyau.

On définit le niveau d'énergie par des paramètres qui le caractérise : l'état d'un électron lié est déterminé par les trois nombres quantiques atomiques.

• **Le nombre quantique principal = n** : Il prend des valeurs entières (1, 2, 3, 4...). Il correspond au numéro de la couche dans le modèle de Bohr. Il détermine donc la couche quantique à laquelle cet électron appartient.

• **Le nombre quantique secondaire = l (nombre quantique azimuthal)** : Il prend toutes les valeurs entières entre **0 et** (**n** – **1**). Il détermine la sous-couche correspondante.

n	l
1	0
2	0, 1
3	0, 1, 2
4	0, 1, 2, 3

À chaque valeur de **l** correspond une sous-couche. Donc les valeurs de **l** permettent de différencier les niveaux d'énergie des électrons d'une même couche.

Les sous-couches sont désignées par des lettres :

pour l = 0 sous-couche s

pour l = 1 sous-couche p

pour l = 2 sous-couche d

pour l = 3 sous-couche f

• **Le nombre quantique magnétique = m** : il prend toutes les valeurs de **– l à + l**, y compris la valeur 0.
À chaque valeur de **m** correspond une case quantique ou orbitale.

Exemple pour 1 = 1 ⇒ *m* = – 1, 0, +1 donc 3 cases quantiques.

Conclusion : les états quantiques sont définis par un triplet de 3 nombres quantiques n, l et m.

À un état quantique correspond 2 états de spin.

• **Le nombre quantique de spin = s** : par l'étude des propriétés magnétiques et des spectres d'émission atomique, Pauli a défini le principe d'exclusion : « un état quantique (une orbitale) ne peut contenir au plus deux électrons. Dans ce cas, le spin total est nul : les deux spins sont appariés. Donc dans chaque case quantique on ne peut mettre au maximum que 2 électrons et ceux-ci diffèrent par leur nombre quantique de spin qui prennent les valeurs **s** $= +\frac{1}{2}$ **et s** $= -\frac{1}{2}$ ».

Chaque case quantique peut contenir 0, 1, ou 2 électrons (de spin opposé).
Si dans une case quantique il n'y a qu'un seul électron, celui-ci est dit célibataire, et l'élément est paramagnétique.
Si au contraire il n'y a que des électrons appariés dans les cases quantiques, l'élément est diamagnétique.

Les électrons occupent le niveau d'énergie le plus bas possible : on dit qu'ils sont dans l'état fondamental : c'est lorsqu'ils ne subissent aucune influence extérieure (lumière, énergie thermique, influences électriques ou magnétiques).
Ainsi dans un atome polyélectronique, les électrons occupent les états quantiques de telle manière que l'atome soit dans l'état de plus basse énergie compatible avec le **principe d'exclusion de Pauli.**
Suivant ce principe on peut écrire la configuration électronique des 4 premiers éléments :

H hydrogène Z = 1	$1s^1$		[↑]	
He hélium Z = 2	$1s^2$		[↑↓]	
Li lithium Z = 3	$1s^2$	$2s^1$	[↑↓]	[↑]
Be berylium Z = 4	$1s^2$	$2s^2$	[↑↓]	[↑↓]

À partir de Z = 5, la situation devient plus complexe. On utilise alors **la règle de Klechkowski.**

Le remplissage se fait selon les valeurs croissantes de (n + 1) et dans le cas d'égalité on choisit l'état ayant la plus faible valeur de n.
Dans ce cas, l'ordre de remplissage des orbitales est résumé dans le diagramme ci-dessous :

1s
2s 2p
3s 3p 3d
4s 4p 4d 4f   maximum d'électrons dans l'orbitale s : 2(ex $2s^2$)
5s 5p 5d 5f   maximum d'électrons dans l'orbitale p : 6(ex $3p^6$)
6s 6p 6d   maximum d'électrons dans l'orbitale d : 10(ex $5d^{10}$)
7s 7p   maximum d'électrons dans l'orbitale f : 14(ex $4f^{14}$)

Comme il existe une interpénétration des couches de remplissage, on a l'ordre suivant qui respecte les niveaux d'énergie :

1s - 2s - 2p - 3s - 3p - 4s - 3d - 4p - 5s - 4d - 5p - 6s - 4f.

Pour décrire le nuage électronique on procède de 2 manières :

• On désigne
– les couches par leur numéro : n
– les sous-couches par leur nom (lettre minuscule) : s, p, d, f
le nombre d'électrons de la sous-couche par un exposant affecté à cette lettre.

<u>Exemple</u> :

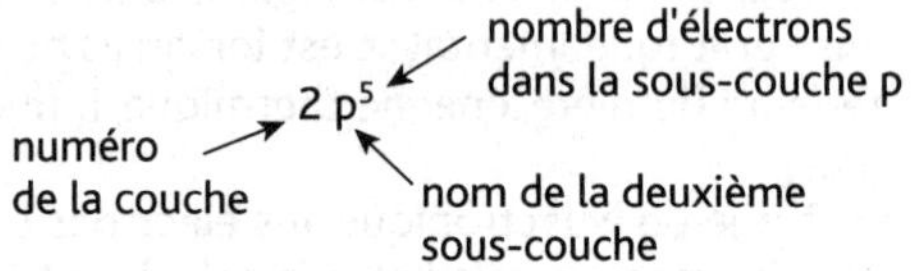

• On peut également représenter les cases quantiques par un petit carré dans lequel on représente les électrons par une flèche ↑ ou ↓ pour décrire leur état de spin. Les cases correspondant à une même sous-couche sont accolées.

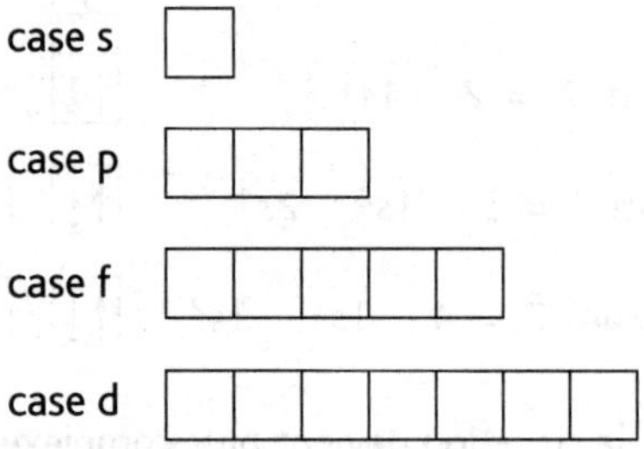

Pour le remplissage des cases on suit la règle de **Hund** : « à n et l donnés, l'état le plus stable correspond au maximum d'électrons non appariés ». En résumé, penser à mettre d'abord un électron par case avant de commencer à les apparier.

électron célibataire : [↑]   électrons appariés : [↑↓]

Les électrons appariés et les électrons célibataires sont deux sortes d'électrons qui possèdent des propriétés différentes. Ce modèle permet de bien le mettre en évidence.

CONCLUSION : La connaissance de la structure électronique de l'atome est la base de raisonnement sur les propriétés des éléments, sur leur manière de se lier et même de réagir.

5. Propriétés des atomes

Les charges positives de l'atome sont concentrées dans le noyau qui attire les électrons et assure ainsi la stabilité de l'atome.

Si l'influence de l'atome se fait fortement ressentir à la périphérie du nuage électronique, l'atome peut attirer d'autres électrons, on obtient ainsi un ion portant une charge négative : un anion.
Un atome qui se comporte ainsi est dit électronégatif.

À l'inverse si l'influence du noyau à la périphérie est faible, l'atome a du mal à retenir ses électrons : il s'ionise positivement pour donner un cation. On dira que cet atome est électropositif.

Les valeurs des électronégativités permettent de séparer les éléments en 2 grands groupes :

– les métaux : électropositifs et conducteurs

– les non métaux : électronégatifs et non conducteurs.

À chaque atome est attribuée une valeur d'électronégativité permettant de définir une échelle **(échelle de Pauling)**. Dans cette échelle on retiendra le classement suivant concernant les atomes les plus fréquents en chimie organique :

Élément	Mg	H	C	I	Br	N	Cl	O	F
Électronégativité	1,3	2,2	2,6	2,7	3,0	3,0	3,2	3,4	4,0

En général l'électronégativité augmente quand on parcourt une même ligne du tableau périodique et elle diminue quand on descend dans le groupe.

PARTIE III

HYBRIDATION DES ORBITALES

Les atomes ne sont pas stables dans les conditions normales et habituelles, sauf les atomes de gaz rares.

1. La règle de l'octet

Une espèce chimique est stable lorsque tous les atomes qui la constituent possèdent les niveaux électroniques externes saturés à deux électrons pour la couche K, et à 8 électrons (s et p) pour les autres couches, quel que soit le degré de remplissage des sous-couches d et f.
Pour satisfaire cette condition il existe deux possibilités :
- l'ionisation
- la mise en commun des électrons célibataires.

2. La liaison ionique

Lorsqu'il y a association entre un anion et un cation, il s'établit une liaison ionique : elle nécessite un élément très électropositif et un élément très électronégatif.

3. La liaison covalente

Elle s'établit entre deux atomes électronégatifs pour former une molécule. Elle est formée par la mise en commun de deux électrons célibataires : les deux orbitales atomiques de chacun des atomes (contenant chacune un électron célibataire) fusionnent pour donner une orbitale atomique contenant deux électrons appariés.

Exemples :

1. La molécule d'hydrogène H_2

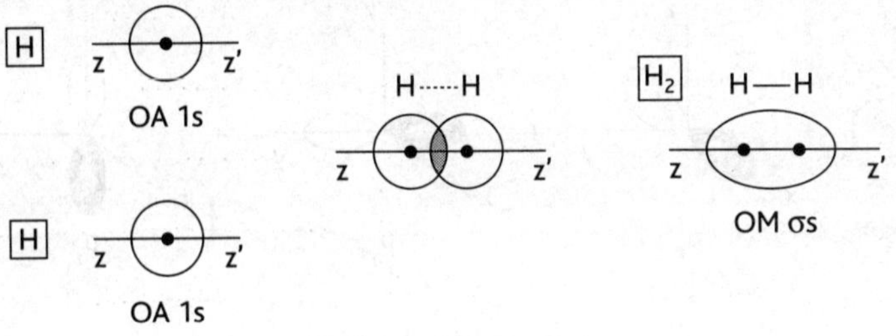

2. La molécule d'acide chlorhydrique HCl

HCl H $1s^1$

Cl $1s^1$ $2s^2$ $2p^6$ $3s^2$ $3p^5$

soit sur la couche de valence $3s^2$ $3p^5$

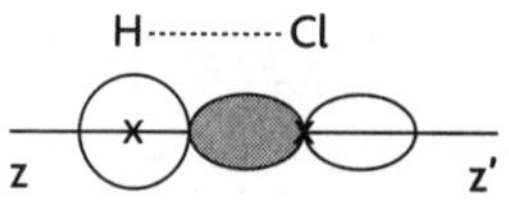

OA 1s H et $3p_z$ Cl

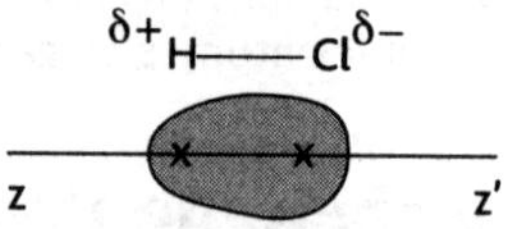

OM σz

4. L'hybridation des orbitales

La covalence d'un élément est égale au nombre d'électrons célibataires qu'il présente dans sa configuration électronique fondamentale.

A) Cas du carbone : C : $1s^2$ $2s^2$ $2p^2$

Bien que le carbone présente une configuration électronique $2p^2$, il établit 4 liaisons : il possède une valence de 4. Pour expliquer cet état de fait on admet que l'approche de l'autre atome de la liaison provoque un réarrangement de l'état électronique : un électron s passe sur le niveau p :

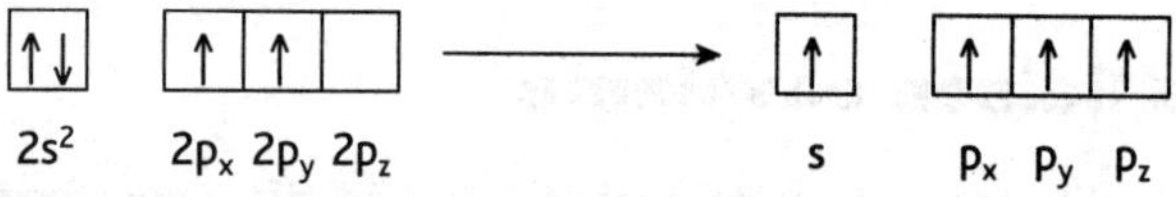

état fondamental

état excité

Dans l'état excité on a **4 orbitales hybrides sp_3** : constituées d'une orbitale s et de 3 orbitales p.
C'est ce réarrangement que l'on appelle **hybridation des orbitales.**

l'hybridation des orbitales crée 4 orbitales hybrides sp_3

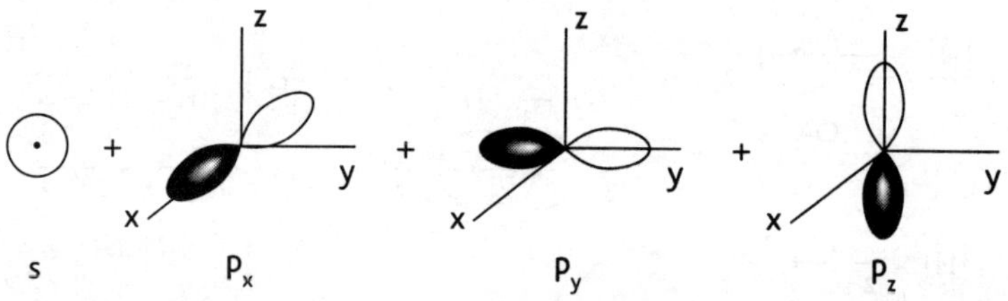

carbone tétrahédrique

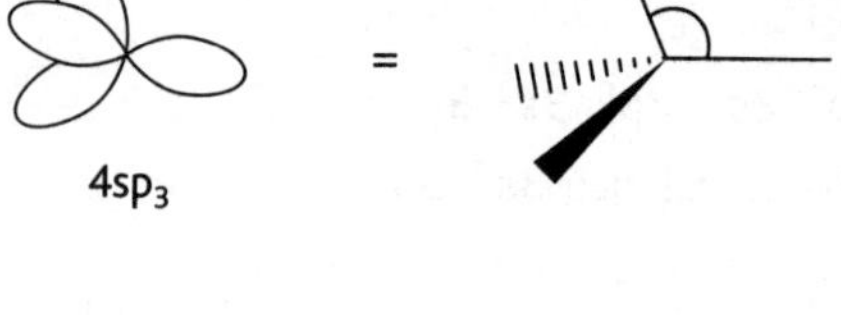

Le carbone sp_3 peut former quatre simples liaisons par un recouvrement axial de ses orbitales :
le carbone est tétravalent, et tétrahédrique.

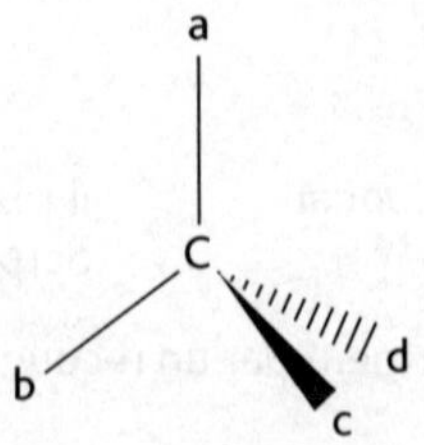

Exemples : la liaison C—H = 1,14 Å et la liaison C—C = 1,54 Å

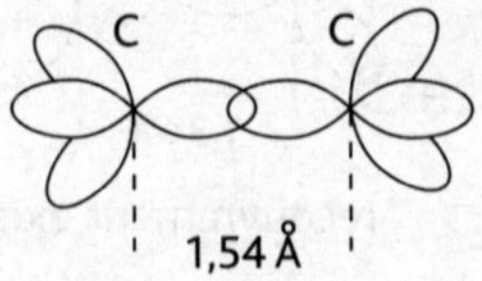

4 liaisons simples = liaisons σ   4 liaisons simples = liaisons σ

- **Les liaisons multiples :**

Elles peuvent être réalisées par des atomes ayant plusieurs électrons célibataires sur leur couche externe. Si la simple liaison est à 2 électrons (1 doublet), la double liaison est à 4 électrons (2 doublets) et la triple liaison est à 6 électrons (3 doublets).

Cas du carbone sp_2 : l'état d'hybridation sp_2 est atteint par combinaison d'une orbitale s et de deux orbitales p (p_x et p_y).

État d'hybridation sp_2

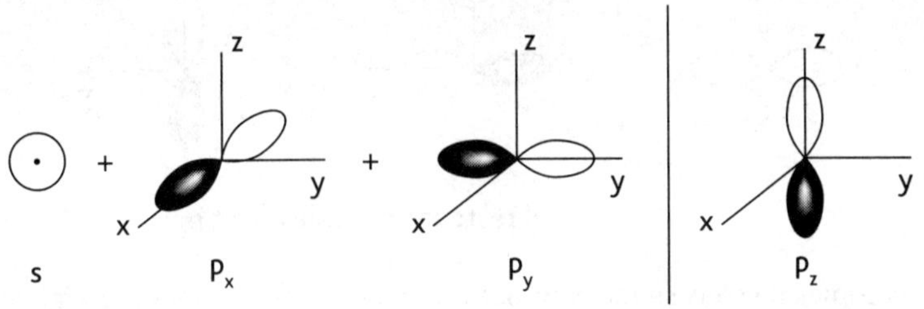

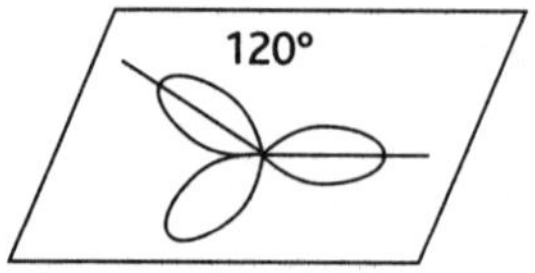

$3sp_2$ coplanaires = plan nodal

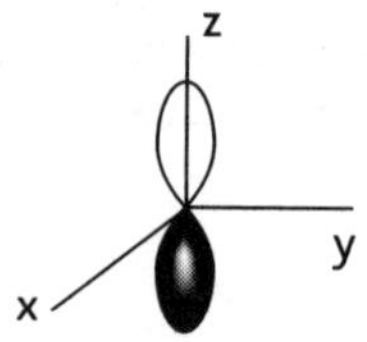

il reste l'orbitale p_z, elle est perpendiculaire au plan nodal.

Les doubles liaisons se forment par un recouvrement axial et latéral des orbitales.
Exemple : Cas de l'éthylène C_2H_4

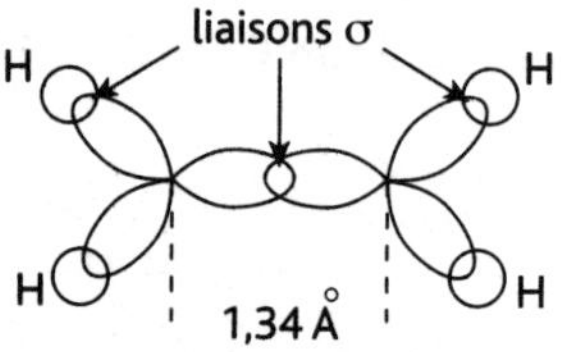

recouvrement axial

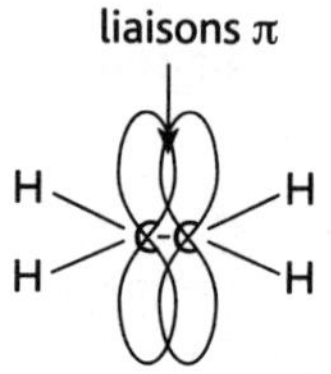

recouvrement latéral

Cas du carbone sp : l'état d'hybridation sp est atteint par combinaison de l'orbitale s et de l'orbitale p_x.

État d'hybridation sp

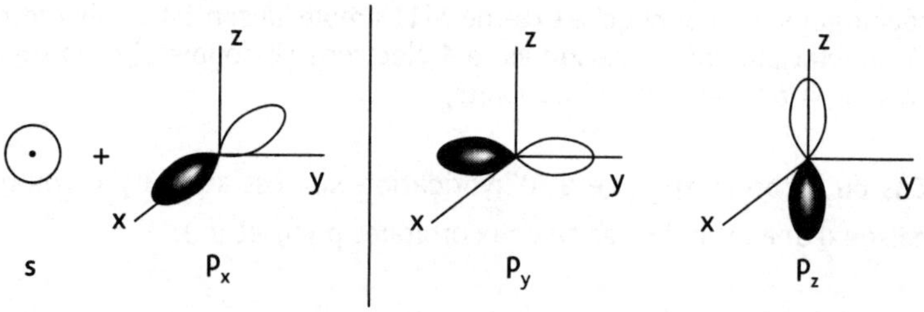

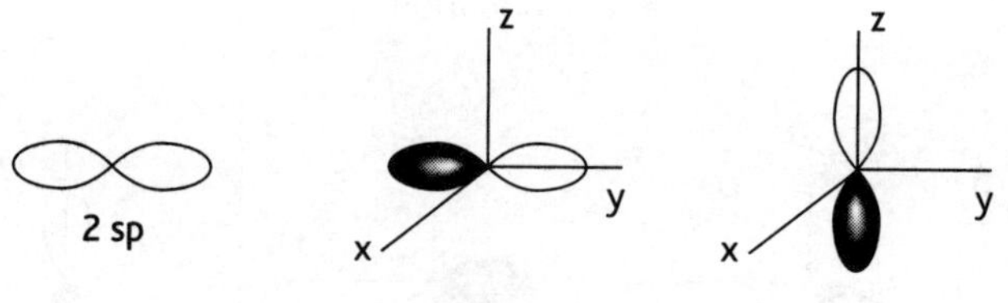

il reste les orbitales p_y et p_z

Les triples liaisons se forment par un recouvrement axial et latéral des orbitales.

Exemple : Cas de l'acétylène C_2H_2

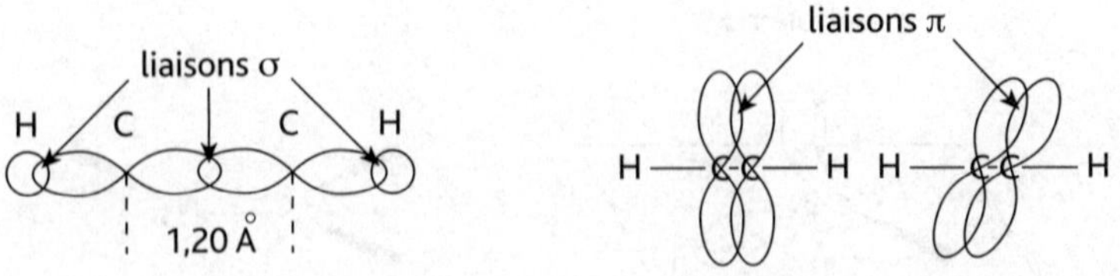

recouvrement latéral p_z et p_y

B) Cas de l'azote, de l'oxygène et des éléments ayant une orbitale vide

• **Hybridation de l'azote**

L'azote est l'élément de numéro atomique Z = 7.
Dans l'état fondamental sa configuration électronique est :

État fondamental : $1s^2$ $2s^2$ $2p^3$ [↑↓] [↑↓] [↑|↑|↑]

Celle-ci montre la formation possible de liaisons à partir des orbitales atomiques 2s et 2p. Il existe donc 3 états d'hybridation possibles : sp_3 sp_2 et sp.

Cas de l'azote sp_3 : il possède 3 doublets liants (liaisons σ) et 1 doublet non liant (noté n), sa structure est pyramidale. Cet état d'hybridation est rencontré dans les amines par exemple.

sp_3 structure pyramidale

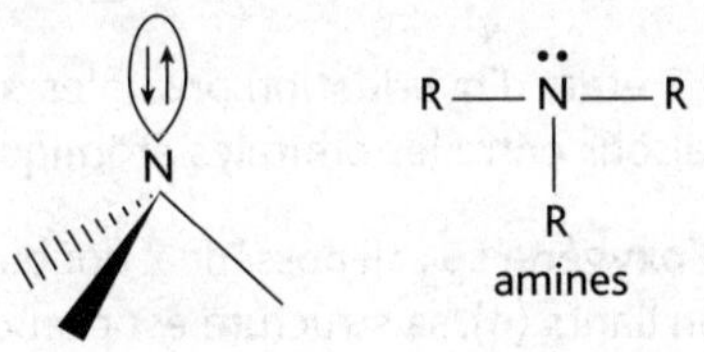

<u>Remarque</u> :
On notera un doublet non liant par « : », la notation « | » est utilisée dans le cas où le doublet non liant entraîne l'apparition de charges électriques.

Cas de l'azote sp_2 : il possède 2 doublets liants (liaisons σ), 1 doublet non liant (n) et 1 doublet p, sa structure est plane. Cet état d'hybridation est rencontré dans les imines par exemple.

sp_2 struture plane, 2 liaisons σ, 1 liaison π et 1 doublet non liant

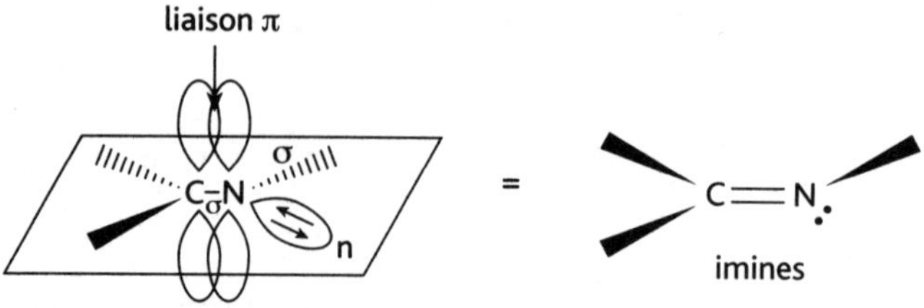

imines

Cas de l'azote sp : il possède 1 doublet liant (liaison σ), 1 doublet non liant (n) et 2 doublets p, sa structure est linéaire. Cet état d'hybridation est rencontré dans les nitriles par exemple.

sp structure linéaire, 1 liaison σ, 2 liaisons π et 1 doublet non liant

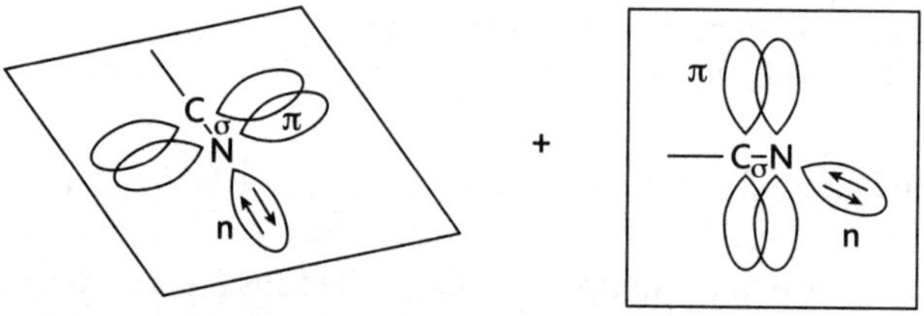

• **Hybridation de l'oxygène**

L'oxygène est l'élément de numéro atomique Z = 8.
Dans l'état fondamental sa configuration électronique est :

État fondamental : $1s^2\ 2s^2\ 2p^4$ [↑↓] [↑↓] [↑↓|↑|↑]

Il existe 2 états d'hybridation possibles sp_3 et sp_2 obtenus à partir de combinaisons entre les orbitales atomiques 2s et 2p.

Cas de l'oxygène sp_3 : il possède 2 doublets liants (liaisons σ) et 2 doublets non liants (n), sa structure est pseudotétrahédrique.
Cet état d'hybridation est rencontré dans les alcools et les éthers par exemple.

sp_3 structure pseudotétrahédrique, 2 liaisons σ, 2 doublets non liants

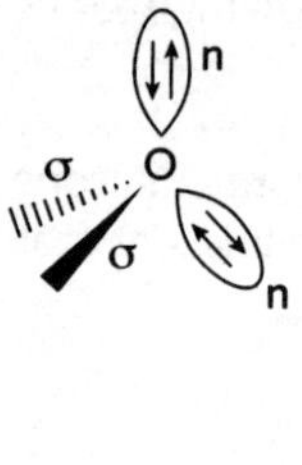

$R_3C-\ddot{\underset{\cdot\cdot}{O}}-H$

alcools

$R-\ddot{\underset{\cdot\cdot}{O}}-R$

éthers

Cas de l'oxygène sp_2 : il possède 1 doublet liant (liaison σ), 2 doublets non liants (n) et 1 doublet p, sa structure est plane. Cet état d'hybridation est rencontré dans les composés carbonylés.

sp_2 structure plane, 1 liaison σ, 1 liaison π, 2 doublets non liants

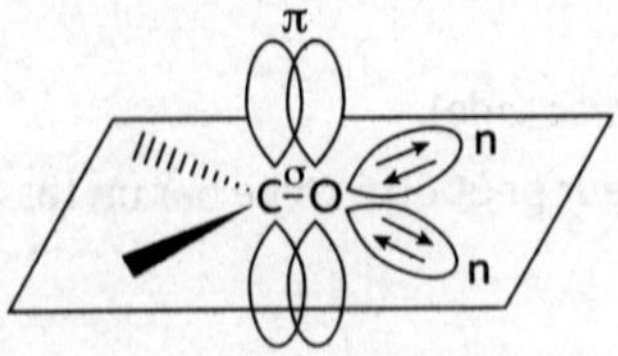

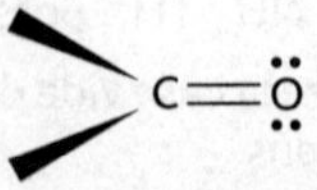

composés carbonylés

• **Hybridation des éléments possédant une orbitale vide**

a) Cas du bore

État fondamental : $1s^2\ 2s^2\ 2p^1$

État excité : $1s^1\ 2s^1\ 2p^2$

+ 1 orbitale vide

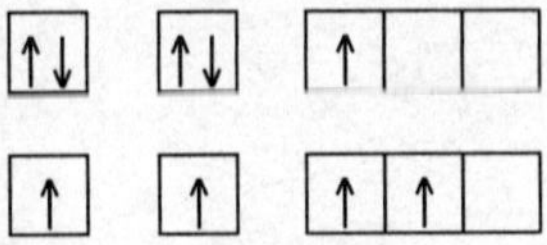

Il existe un seul état d'hybridation : sp_2

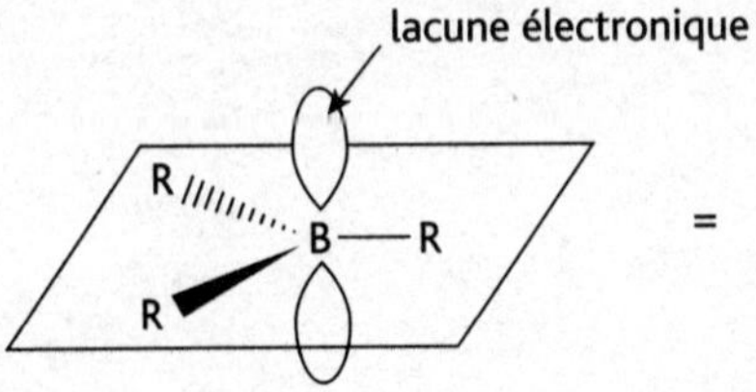

= □BR_3

b) Cas de l'aluminium

État fondamental : $1s^2\ 2s^2\ 2p^6\ 3s^2\ 3p^1$

État excité : $1s^1\ 2s^2\ 2p^6\ 3s^1\ 3p^2$

+ 1 orbitale vide

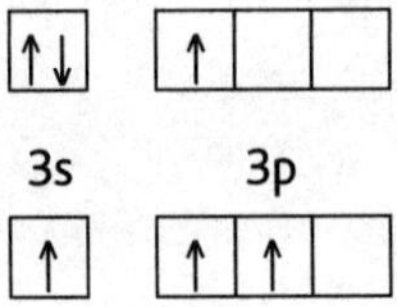

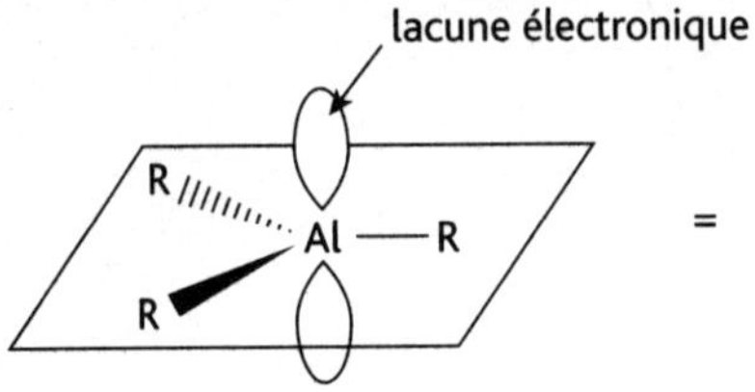

= □AlR_3

5. La liaison covalente dative

Elle se constitue entre des éléments ayant une orbitale vide et un élément présentant une orbitale non liante à deux électrons.
Dans ce cas, les deux électrons de la liaison viennent du même élément, celui qui possède l'orbitale non liante est l'élément donneur, l'autre étant l'élément accepteur.

Exemple : NH_4 (H^+ possède une case vide).

Remarque : la case vide de l'accepteur peut être créée par un tassement des électrons.

PARTIE IV

LE TABLEAU PÉRIODIQUE

La périodicité des configurations électroniques induit une analogie de comportement dans les colonnes du tableau de Mendeleiev. Dans les lignes le comportement change. C'est ainsi que l'on définit les groupes.

1. La structure en bloc du tableau périodique

Il est divisé en lignes et en colonnes qui forment des blocs.

- **Bloc l** : uniquement constitué des éléments H et He.
- **Bloc s** : contient les éléments de configuration électronique externe de type **ns**.
- **Bloc p** : contient les éléments avec des configurations électroniques de type **np**.
- **Bloc d** : bloc de transition. Contient les éléments de transition.
- **Bloc f** : 4f : série des lanthanides.
  5f : série des actinides.

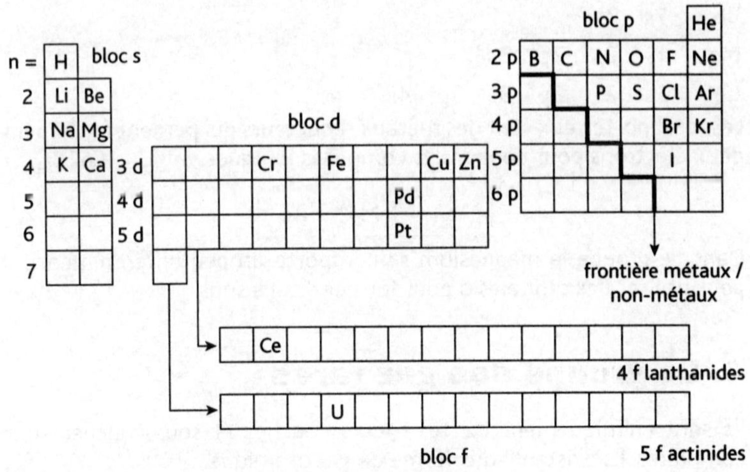

2. Le groupe des métaux alcalins

Ce sont les éléments ayant une configuration électronique externe en $\mathbf{ns^1}$.

Li $1s^2$ $\mathbf{2s^1}$

Na $1s^2$ $2s^2$ $2p^6$ $\mathbf{3s^1}$

K $1s^2$ $2s^2$ $2p^6$ $3s^2$ $3p^6$ $\mathbf{4s^1}$ etc.

L'électron ns^1 est un peu lié au noyau : son départ est facile, ainsi les alcalins ont une énergie d'ionisation faible. Par perte de cet électron, l'élément acquiert la configuration électronique stable du gaz rare qui se situe à la fin de la période précédente. Ces configurations électroniques de type gaz rare sont grandement favorisées à cause de leur grande stabilité.
Ainsi la réactivité des alcalins est basée sur la perte de cet électron.

$$\boxed{M \longrightarrow M^+ + 1e^-}.$$

Les alcalins sont des métaux réducteurs (perte d'électron) qui donnent facilement des composés ioniques (NaCl, LiH...)
Dans les réactions en solution ces ions sont souvent inertes : ils forment des ions spectateurs.

3. Le groupe des métaux alcalino-terreux

Ce sont les éléments ayant une configuration électronique externe en $\mathbf{ns^2}$.

Be $1s^2$ $\mathbf{2s^2}$

Mg $1s^2$ $2s^2$ $2p^6$ $\mathbf{3s^2}$

Ca $1s^2$ $2s^2$ $2p^6$ $3s^2$ $3p^6$ $\mathbf{4s^2}$ etc.

Les alcalino-terreux sont des métaux réducteurs qui perdent facilement deux électrons pour donner des composés ioniques ($MgCl_2$, $CaCO_3$...)

$$\boxed{M \longrightarrow M^{2+} + 2e^-}.$$

Dans ce groupe le magnésium se comporte un peu différemment : il peut utiliser des orbitales d pour former des liaisons.

4. Le groupe des gaz rares

Ils sont chimiquement inertes : leurs couches et sous-couches sont complètes. Ils existent sous forme de gaz atomique.

He $1s^2$

Ne $1s^2$ $2s^2$ $2p^6$

Ar $1s^2$ $2s^2$ $2p^6$ $3s^2$ $3p^6$ etc.

5. Le groupe des halogènes

Ils ont tendance à acquérir deux électrons supplémentaires pour obtenir une configuration électronique du type gaz rare. Ce sont des oxydants (gain d'électrons).

F $1s^2\ 2s^2\ 2p^5$

Cl $1s^2\ 2s^2\ 2p^6\ 3s^2\ 3p^5$ etc.

Ils forment soit des composés covalents (HF, PCl_5), soit des composés ioniques avec de nombreux métaux (KBr, $CrCl_3$).
On les trouve également à l'état de molécules : Cl_2, Br_2...

6. Le groupe des métaux de transition

Ils sont caractérisés par une sous-couche d incomplète. Ils cherchent à acquérir des électrons supplémentaires afin d'atteindre la configuration électronique du gaz rare qui se situe à la fin de la période considérée. C'est la règle des 18 électrons.

Exemple :

Cu $1s^2\ 2s^2\ 2p^6\ 3s^2\ 3p^6\ 4s^2\ 3d^9$

$[Kr] \longrightarrow 4s^2\ 3d^{10}\ 4p^6$ soit : $2 + 10 + 6 = 18$ électrons

La structure électronique d'un métal de transition isolé est de type $(n-1)\ d^x\ ns^2$ (sauf le chrome : $3d^5\ 4s^1$).
Ils forment des composés ioniques, ($FeCl_3$), ou des complexes avec des liaisons métalliques (liaison dative : le ligand fournit seul les deux électrons de la liaison).
On peut aussi les trouver sous forme métal (Cu^0).

Liaison dative : $M + L \longrightarrow M \rightarrow L$

Liaison métal – métal (liaison de type covalent) :

$$\underset{}{M - M} \longrightarrow \underset{(1e)^-}{M^0} + \underset{(1e)^-}{M^0}$$

7. Grandeur et énergie liées à la configuration électronique

A) Numéro atomique effectif : Z_{eff}

On peut séparer la configuration électronique d'un élément en deux parties :

- **Les électrons de cœur**, les plus proches du noyau, très difficilement arrachés et qui ne jouent presque aucun rôle chimique. Ils forment un écran entre le noyau et les électrons plus externes.
- **Les électrons de valence**, les électrons des couches externes, plus labiles et qui sont utilisés pour former les liaisons.

L'écran formé par les électrons de cœur peut être calculé et permet de définir le numéro atomique Z_{eff}.

Pour cela on utilise **les règles de Slater** :

1. On classe les électrons en groupes en réunissant les états s et p.
1s / 2s 2p / 3s 3p / 3d / 4s 4p / 4d / 4f / 5s 5p / 5d / 5f / etc.

2. L'effet d'écran σ d'un électron *a* vis-à-vis d'un électron *b* considéré prend la valeur :

• 0 si *a* est dans un groupe externe au groupe de *b*.

• 0,35 si *a* est dans le même groupe que *b* (sauf pour 1s où la valeur est 0,31).

• si *b* est dans un groupe (sp) :

– 0,85 si *a* est dans le groupe immédiatement inférieur.

– 1 si *a* est dans un groupe encore plus interne.

• si *b* appartient à un groupe d ou f, σ de l'électron *a* vaut 1

$$Z_{eff}(b) = Z - \Sigma\sigma_{a,b}$$

Ainsi plus la constante d'écran est élevée, plus les électrons externes sont labiles : l'élément s'ionise plus facilement.
En parcourant le tableau périodique on constate que :
Dans une ligne, le numéro atomique Z et Z_{eff} augmentent et les électrons sont plus retenus.
Dans une colonne, au contraire, les électrons sont de plus en plus labiles.

B) Énergie d'ionisation

C'est l'énergie qu'il faut fournir pour arracher un électron à un atome à l'état gazeux :

$$A_{gaz} \xrightarrow{E_i} A^{+}_{gaz} + e^{-} \qquad E_i\,(KJ / mol)$$

On peut mesurer le potentiel (en eV) lié à l'énergie d'ionisation.
On montre ainsi que lorsque l'on parcourt le tableau périodique :

• Dans une ligne, le potentiel d'ionisation augmente car les électrons sont plus retenus par le noyau (Z_{eff} plus élevé).

• Dans une colonne, le potentiel d'ionisation diminue.

• Dans le bloc d, les valeurs du potentiel d'ionisation sont assez semblables pour tous les éléments car leur valeur de Z_{eff} varie très peu.

• Les gaz rares et le fluor ont des valeurs de potentiel d'ionisation très élevées car ils sont difficilement ionisables.

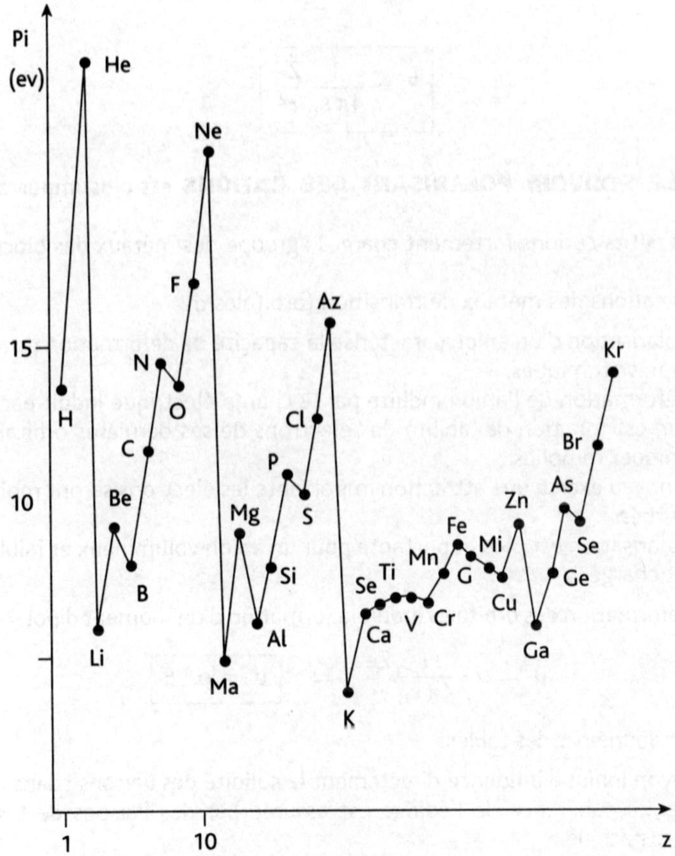

Valeur des potentiels d'ionisation en fonction de Z

8. Rayons atomiques

Le rayon d'un atome dépend de sa nature et du type de liaison qu'il échange. On doit donc distinguer, le rayon covalent, le rayon ionique, le rayon de Van der Waals, le rayon métallique.

A) Polarisabilité de l'atome

Dans l'état solide, les ions les plus petits (cations) créent un champ électrique intense dans leur environnement proche. Ce champ électrique perturbe leurs contre-ions (anions).

Le champ électrique créé par un ion de charge | ze | est donné par la formule :

$$E = \frac{1}{4\pi\varepsilon_0}\frac{Ze}{r^2}$$

B) LE POUVOIR POLARISANT DES CATIONS est plus important pour :

• Les petits cations fortement chargés : groupe des métaux des blocs s et p.

• Les cations des métaux de transition (orbitales d).

La polarisation d'un anion caractérise la capacité de déformation de ses orbitales atomiques.
La déformation de l'anion induite par le champ électrique induit par le cation est fonction de labilité des électrons de ses dernières orbitales atomiques remplies.
Si le noyau exerce une attraction importante les électrons seront moins perturbés.
La polarisation est plus importante pour un anion volumineux et faiblement chargé.

La déformation des orbitales induit la formation d'un moment dipolaire :

$$\mu = \alpha \cdot \frac{1}{4\pi\varepsilon_0}\frac{Ze}{r^2} \Rightarrow \boxed{\mu = \alpha \cdot E}$$

α est donné par des tables.

Le rayon ionique influence directement la solidité des liaisons : dans un cristal, la cohérence de l'édifice est assurée par des liaisons de type électrostatique.

PARTIE V

L'ÉTAT SOLIDE

L'état solide renvoie à la notion de conservation de forme.
Il existe différents types de solide : covalent, ionique et cristallisé.

Un solide cristallisé est constitué par une répartition ordonnée et périodique d'atomes ou de groupes d'atomes.
La conservation de la forme d'un solide résulte soit de forces d'interaction (solide cristallisé), soit d'un blocage de l'évolution des atomes (refroidissement) ce qui conduit à des solides amorphes métastables (ils peuvent évoluer vers un état plus stable). La nature des liaisons à l'intérieur du cristal détermine ses propriétés physiques.

1. Le solide cristallisé

A) Les différentes classes

• cristal ionique : il est constitué d'ions reliés entre-eux par de fortes liaisons électrostatiques.
• cristal covalent : les atomes y sont liés par des liaisons covalentes localisées. Ces cristaux sont extrêmement solides.
• cristal moléculaire : les atomes y sont associés par des interactions dipolaires faibles de type Van der Waals, liaisons hydrogène... Leur cohésion est donc faible.
• cristal métallique : les atomes sont reliés par une liaison métallique.

B) Définitions

En cristallographie on utilise un vocabulaire bien précis dont voici quelques définitions. L'état cristallin est caractérisé par la notion d'ordre, ainsi il peut toujours être défini par la combinaison d'une maille et d'un motif.
Le motif : est la combinaison d'un nombre limité des espèces constitutives du cristal.
La maille : est le jeu des translations qui appliquées au motif forme le réseau.
Le réseau : est l'organisation du cristal.

2. Cristal covalent

A) Le diamant

Le diamant est extrêmement dur, possède une masse volumique (ρ = 3,5 10^3 kg/m^3) et une température de fusion (3 550°C) très importante.
Le diamant est constitué de carbone cristallisé, il appartient à la classe du cristal covalent. Il possède une structure très organisée, est diamagnétique et isolant.

Les études par diffraction aux rayons X montrent que, dans le cristal, les atomes de carbone ont une configuration tétragonale. Les atomes sont dans un état d'hybridation sp^3 et sont reliés par des liaisons simples.

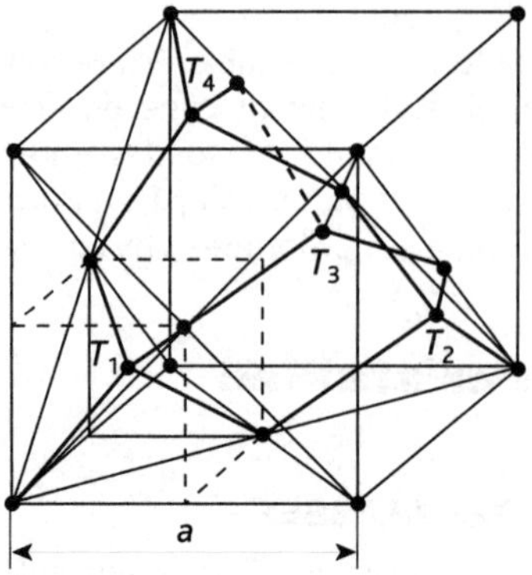

Le réseau du carbone diamant

Dans le réseau, un atome de carbone échange 4 liaisons avec les 4 atomes de carbone les plus proches, eux-mêmes liés à d'autres atomes.
Ce cristal est caractérisé par une maille cubique et un motif à faces centrées formé de 4 atomes.

B) Le cristal de silicium

Il est lui aussi caractérisé par une maille cubique et un motif à faces centrées. Mais sa masse volumique est nettement inférieure à celle du diamant bien que la masse molaire atomique soit plus élevée.
Les cristaux de diamant et de silicium ont des propriétés très différentes même si les atomes de carbone et de silicium possèdent une structure électronique externe identique. Ceci reflète une caractéristique des éléments du bloc p : lorsque l'on descend d'un groupe du bloc p la tendance à former des métaux augmente.

C) Le graphite

C'est également une forme cristallisée du carbone, mais contrairement au diamant le graphite possède des propriétés physiques différentes. Il est légèrement conducteur, beaucoup moins résistant et a une plus grande réactivité chimique.
Le graphite présente plusieurs variétés allotropiques (allotropie : même formule chimique mais forme physique différente). Ces différences sont directement reliées au mode de liaisons et à la différence d'organisation stérique existant au sein du graphite.
La variété la plus courante du graphite est dite hexagonale. Les atomes de carbone sont organisés en hexagones réguliers formant des plans parallèles superposés. La maille forme un prisme droit à base hexagonale.

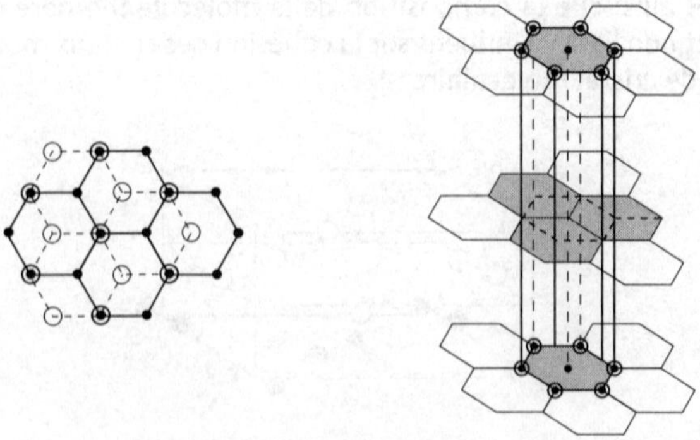

le graphite hexagonal, principe d'organisation

3. Cristal moléculaire

Ces solides sont formés de molécules reliées entre elles par des liaisons faibles, très différentes des liaisons covalentes reliant les atomes à l'intérieur des solides cristallisés.
Il faut donc bien différencier les liaisons internes de la molécule et les forces qui assurent la cohésion des molécules entre elles et qui permettent la formation du solide moléculaire.
Dans les solides moléculaires les changements d'état sont faciles. Leur réactivité chimique est identique à celle des molécules dans un autre état. Ces solides ne sont pas conducteurs.
Ces solides sont très nombreux, on citera par exemple :

- Des polymères.
- Des composés organiques possédant un nombre élevé d'atomes de carbone.
- Des composés inorganiques.

A) Les forces de Van der Waals

Ce sont des interactions faibles, apparentées aux interactions électrostatiques. Deux cas sont possibles :

1. Si les molécules composant le cristal possèdent un moment dipolaire permanent, celui-ci agit sur l'attraction et l'orientation des molécules entre elles et donc sur la cohésion du solide. La cohésion de l'ensemble moléculaire est d'autant plus importante que le moment dipolaire est élevé et que la température est basse (du fait de la diminution de l'agitation thermique).
2. Dans le cas de molécules non polaires, les mouvements de vibration des liaisons et des angles créent des moments dipolaires instantanés. La cohésion du solide repose donc sur les interactions existant entre ces dipôles instantanés. Dans ce cas la solidité des liaisons intramolé-

culaires ainsi que la composition de la molécule (nombre d'atomes, doublet non liant...) influent sur la cohésion des cristaux moléculaires.

Exemple de cristal moléculaire : I_2.

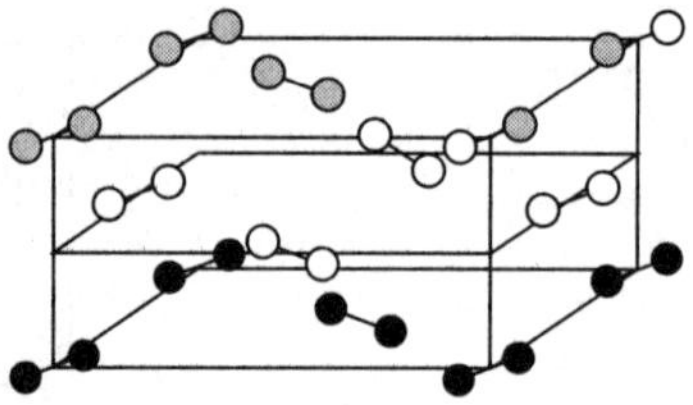

Le cristal de diiode possède une maille orthorombique avec un motif à faces centrées.

B) Les liaisons hydrogène

Certains cristaux moléculaires ne présentent pas les propriétés attendues. Ils sont isolants, leur point de fusion et leur dureté sont relativement élevés. Ils possèdent une cohésion qui ne relève pas seulement d'interactions de type Van der Waals.

Ces caractéristiques sont présentes dans de nombreux composés organiques (alcools, éthers, acides carboxyliques...). En fait, cette situation est présente chaque fois que les molécules sont formées d'un atome d'hydrogène lié à un atome fortement électronégatif et que ce dernier est en interaction avec un atome porteur de doublets non liants.

Ces interactions hydrogène jouent un grand rôle en biologie (structures de l'ADN et des protéines).

Exemple : la glace

Dans ce cas 4 molécules d'eau forment une structure tétragonale. Chaque molécule d'eau échange 4 liaisons hydrogène.

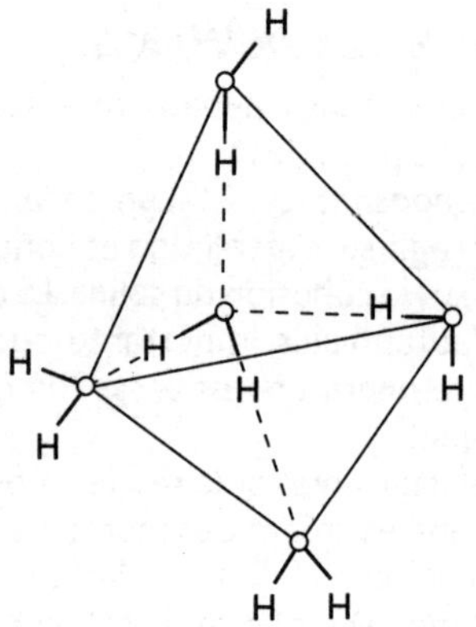

Les liaisons mettent en jeu l'orbitale s de l'atome d'hydrogène, l'orbitale hybride de l'atome d'oxygène, et le doublet non liant de l'atome d'oxygène de la deuxième molécule d'eau.

La structure de la glace est donc très tendue et basée sur des tétraèdres réguliers.

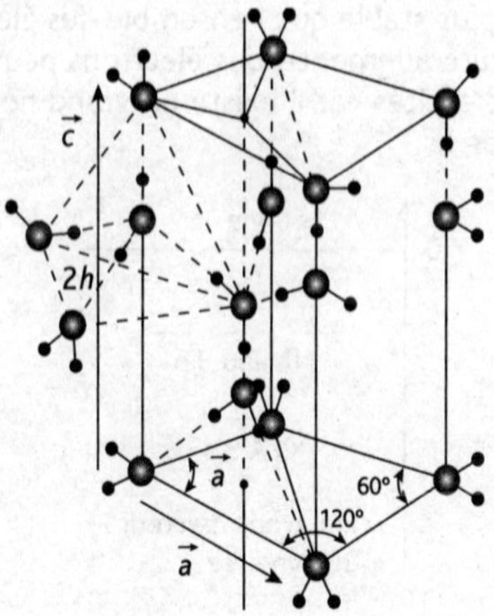

Structure de la glace

4. Cristal métallique

Tous les éléments des blocs s, d, f ainsi que certains éléments du bloc p existent sous forme métallique.

A) Notion de liaison métallique

L'état métallique est un système stable dont la cohésion est importante.

Dans un métal, les atomes sont ionisés, les ions M^+ sont répartis périodiquement dans l'espace et créent ainsi un potentiel électronique attractif. La totalité des électrons doivent se placer de manière à ce que l'énergie totale du système soit la plus basse possible.

Dans la liaison métallique les orbitales atomiques sont combinées linéairement, ce qui implique un recouvrement faible de ces orbitales ainsi qu'une délocalisation importante des électrons.

Métal alcalin

La configuration électronique des métaux alcalins peut être divisée en deux parties : les électrons de cœur (reproduisant la configuration électronique du gaz rare terminant la période précédente) et les électrons supplémentaires, dans un état ns.

Exemple : le sodium

Na $1s^2$ $2s^2$ $2p^6$ $3s^1$ ce qui équivaut à [Ne] $3s^1$

Si l'on raisonne sur une mole de Na ($\mathcal{N}$ atomes) à 0°K, la bande ns (ici 3s) a la capacité de recevoir 2 $\mathcal{N}$ électrons. Or comme il n'existe qu'un électron 3s par atome, la bande ns (ici 3s) ne contient que $\mathcal{N}$ électrons, elle est donc à la moitié de sa capacité de remplissage. Ainsi le système métallique est bien plus stable que l'ensemble des électrons séparés. Lorsque la température augmente, des électrons peuvent occuper très facilement des états excités car il existe un grand nombre d'états non peuplés dans la bande ns.

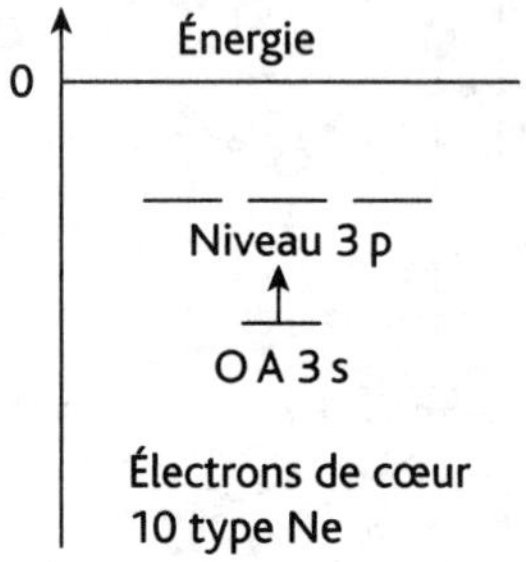

Métal de transition

Ce sont les métaux du bloc d. Ils possèdent une orbitale d aux propriétés particulières.

L'orbitale d correspond à $l = 2$ et donc $m = -2, -1, 0, +1, +2$.

Exemple du fer

Fe $1s^2$ $2s^2$ $2p^6$ $3s^2$ $3p^6$ $4s^2$ $3d^6$

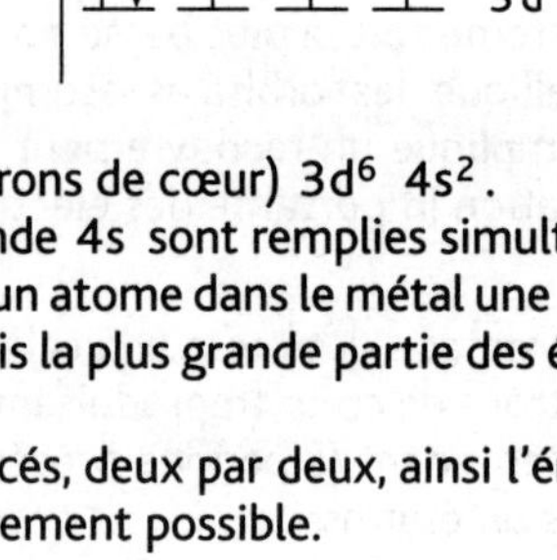

fer $Z = 26$ (18 électrons de cœur) $3d^6$ $4s^2$.

La bande 3d et la bande 4s sont remplies simultanément. Il n'est plus possible d'attribuer à un atome dans le métal une configuration électronique déterminée, mais la plus grande partie des électrons appartient à la bande 3d.

Les électrons sont placés, deux par deux, ainsi l'énergie du système est la plus grande négativement possible.

B) Assemblage en sphère de contact

Cas du cuivre métallique.

Le métal est formé à partir d'atomes constitués :

- d'un noyau à 29 protons et de 18 électrons de cœur,
- de 10 électrons occupant entièrement la bande 3d,
- d'un électron délocalisé (par atome) dans la bande 4s.

La configuration électronique d'un atome dans le métal semble donc identique à celle de l'atome isolé, mais le métal constitue un système beaucoup plus stable : le rayon de l'atome lié, rayon métallique, est inférieur au rayon atomique.

Pour décrire le métal on peut faire l'approximation de regrouper les électrons de la bande 3d et les électrons de cœur et décrire ce métal comme étant formé d'ions métalliques Cu^{+} et d'électrons occupant la bande 4s (un électron par atome).

On s'intéresse alors à la distribution spatiale des ions Cu^{+} d'une part, et à la délocalisation des électrons 4s d'autre part.

L'état solide se différencie des autres états de la matière par son caractère rigoureusement ordonné. L'étude de la liaison métallique justifie que l'on considère le cristal comme un tout.

L'hypothèse d'ions positifs sphériques (le noyau de l'atome plus les électrons de cœur), régulièrement distribués dans les trois directions, conduit à un modèle stéréochimique simple : l'empilement compact de sphères au contact.

Les sphères sont empilées et maintenues en contact : trois sphères au contact voient leurs centres déterminer un triangle équilatéral.

• Empilements de séquences AB... AB...

Lorsque deux plans de ce type sont ainsi disposés, les centres de gravité g_1 et g_2 du plan de base sont parfaitement déterminés :

– ceux du type g_1 ont, à la verticale, au-dessus et en dessous d'eux, des sphères dans des plans de type B,

– ceux du type g_2 n'ont rien.

C'est une organisation formant un empilement le plus compact possible par séquence de plans successifs du type AB... AB... AB, comme le montre la figure. Le système est dit hexagonal compact.

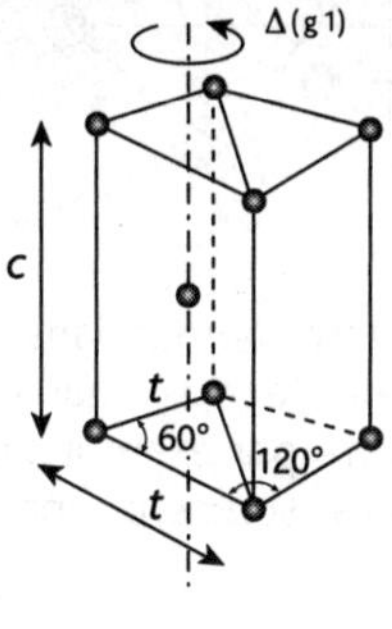

Ce système est bâti sur un prisme droit à base losangique.
Le magnésium cristallise ainsi.

Chaque sphère est entourée de 12 voisines, 6 dans le plan, 3 au-dessus et 3 en dessous. Ceci définit la coordinence de cet empilement : 12. Cette valeur élevée serait totalement incompatible avec un système de liaisons localisées.

• **Empilements de séquences ABC**

Une fois positionnées les sphères des plans A et B, on place de façon compacte les sphères des plans suivants. Elles sont placées telles qu'elles se projettent sur le centre de gravité g_2.

La compacité et la coordinence du système ne changent pas.

On construit ainsi des volumes cubiques (maille cubique)

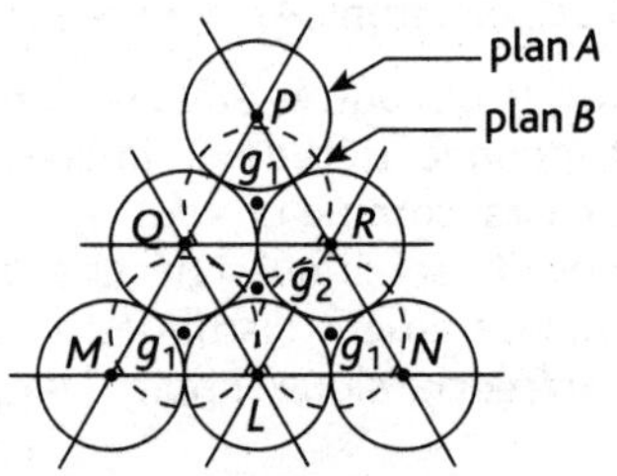

Exemples d'empilements séquencés ABC :

Le réseau cubique à faces centrées :

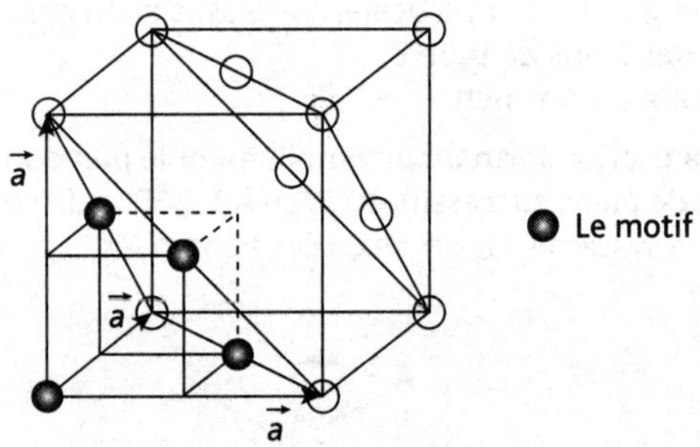

On remarque qu'il y a quatre points dans le motif. La compacité et la coordinence sont égales à celles du réseau précédent. Ce réseau est rencontré dans le cas du cuivre par exemple. Ce métal est beaucoup plus dense que le magnésium car son rayon métallique est inférieur.

Le réseau cubique centré :

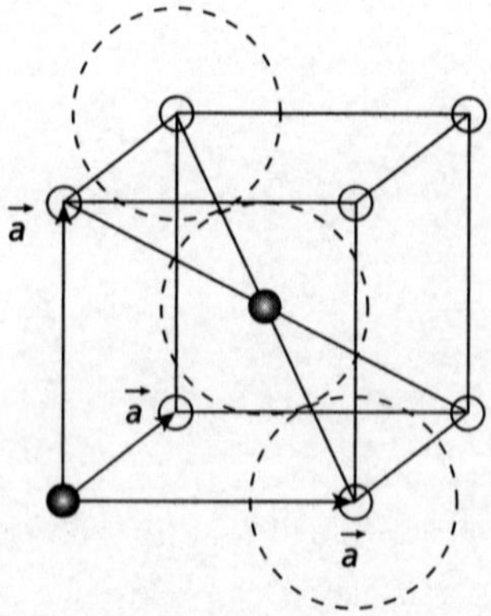

La coordinence diminue : elle n'est plus que de 8. La compacité diminue aussi : ce type d'empilement est moins compact. Le fer cristallise suivant ce système.

PARTIE VI

THERMODYNAMIQUE

1. Définitions

On appelle système l'ensemble des corps contenus dans une surface fermée. Tout ce qui n'appartient pas au système mais qui peut être en relation avec lui est appelé le milieu extérieur.
Un système réel est constitué d'objets qui possèdent une existence physique, sur laquelle l'expérimentateur pourra intervenir.

Ici on ne s'attachera qu'au *cas des systèmes réels*.

A) Les diverses sortes de systèmes

Un système ouvert est un système qui peut échanger de l'énergie et de la matière avec le milieu extérieur.
Un système fermé peut faire des échanges énergétiques avec le milieu externe, mais aucun échange de matière n'est possible.
Dans un système isolé tout échange est impossible.

Les systèmes sont décrits grâce à des variables d'état.

B) L'équilibre thermodynamique

Une réaction chimique est à l'équilibre thermodynamique lorsque l'équilibre thermique et l'équilibre mécanique sont atteints simultanément.

C) Les paramètres d'état

Ce sont des grandeurs scalaires qui caractérisent les propriétés macroscopiques instantanées du système. Ces variables d'état sont : *la température T, la pression P, le volume V, les concentrations molaires volumiques, le nombre de moles, l'énergie interne U.*
Ces grandeurs peuvent être extensives ou intensives.
Les variables intensives sont des grandeurs définies en chaque point du système et sont indépendantes de la quantité de matière globale de ce dernier. (Ex : la température, la pression, le volume molaire, la masse volumique).
Les variables extensives sont liées aux dimensions du système et directement proportionnelles à sa quantité globale de matière. Ce sont des valeurs additives d'un système à l'autre (exemples : le volume, la masse...).

D) Équation d'état

À l'équilibre, les variables d'état ne sont pas indépendantes, elles sont reliées par des équations mathématiques appelées équations d'état.

2. Les transformations

Ce sont les processus physico-chimiques qui font passer les systèmes d'un état d'équilibre à un autre. Les transformations quasi-statiques sont des transformations où l'évolution du système est lente et continue.

Lors de ces transformations, le système est à l'équilibre thermodynamique :

$$P = P_{externe} \text{ et } T = T_{externe}$$

P et T sont la pression et la température du système, la pression et la température externes sont mesurées à l'interface entre le système et le milieu extérieur.

A) Transformations réversibles

Ce sont des transformations quasi-statiques pour lesquelles à chaque instant il est possible de revenir à l'état d'équilibre antérieur.

B) Transformations irréversibles

Dans ce cas le système est dans l'impossibilité totale de revenir à l'état d'équilibre précédent.
C'est la situation pour des transformations brutales et pour les transformations lentes mais qui dissipent de l'énergie.

Type de transformation	Isobare	Isotherme	Isochore	Monotherme	Monobare
Caractéristique du système	À tout instant P = Constante	À tout instant T = Constante	À tout instant V = Constant		
Caractéristique du milieu extérieur				À tout instant $T_{externe}$ = constante	À tout instant $P_{externe}$ = constante

Les transformations « iso- » sont quasi-statiques donc réversibles.
Les transformations « mono- » ne sont pas quasi-statiques, mais elles ne sont pas nécessairement irréversibles.

3. Énergie interne et premier principe de la thermodynamique

A) La fonction énergie interne U

Un système réel possède une énergie cinétique macroscopique nulle, l'énergie potentielle associée aux forces extérieures est elle aussi nulle car le système est au repos dans le référentiel du laboratoire.

- **Premier principe :**

Dans ces conditions, **à tout système réel fermé on peut associer une énergie interne notée U, qui est une fonction des variables d'états caractérisant l'équilibre.**
U est une valeur extensive.

Au cours de la transformation du système d'un état (1) vers un état (2), la variation de l'énergie totale du système est égale à l'énergie échangée entre le système et le milieu externe au cours de la transformation.

U est une fonction d'état : sa variation sur une transformation est indépendante de la nature de la transformation, elle ne dépend que des états initiaux et finaux.

W et Q sont les échanges énergétiques, respectivement échange de travail et échange de chaleur. Ces échanges ne sont pas identiques entre eux, mais les sommes (W + Q) sont invariantes.

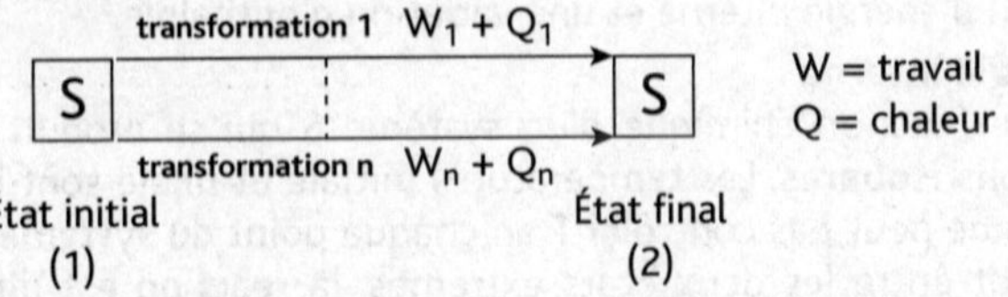

$$\Delta U = U_2 - U_1 = W_1 + Q_1 = W_2 + Q_2 = \dots = W_n + Q_n$$

L'énergie interne peut être définie à chaque point de la transformation, ce qui n'est pas le cas pour W et Q.

Pour une transformation infinitésimale, évolution entre deux états très voisins, l'expression du premier principe s'écrit :

$$dU = \delta W + \delta Q$$

dU : différentielle totale exacte

δW et δQ : formes différentielles des échanges énergétiques

<u>D'après conventions</u> les échanges énergétiques W et Q sont positifs lorsque le système les reçoit et négatifs lorsque le système les cède.

Le terme d'énergie interne U regroupe l'énergie cinétique microscopique du système (vibration, rotation, translation des atomes...) et de l'énergie potentielle issue de toutes les forces internes du système (forces de Van der Waals, liaisons hydrogène...).

B) La fonction enthalpie : H

Comme on l'a vu, au cours d'une transformation thermodynamique élémentaire réversible, il y a échange de travail et de chaleur.

U est une grandeur proportionnelle à la quantité de matière du système, il est donc possible d'associer :

P (variable mécanique intensive) à V (variable mécanique extensive).

Pour permuter le rôle des variables d'état P et V on utilise *la transformation de Legendre* :

$$U \longrightarrow H = U - (-P) \cdot V = U + PV$$

On définit ainsi la fonction d'état enthalpie H par :

$$H = U + PV$$

H est une potentiel thermodynamique.
P et V sont les variables d'état de la pression et du volume. H est une variable extensive et comme pour U sa différentielle dH est totale et exacte. L'enthalpie joue un grand rôle en chimie.

c) U ET H DANS LES SYSTÈMES CHIMIQUES RÉELS

Le système chimique évolue d'un état initial (i) à un état final (f). La réaction chimique provoque une variation de composition et de la modification des paramètres physiques (P, V, T). Ceci implique donc une variation d'énergie interne et une variation d'enthalpie.

• **L'énergie interne**

Soit une réaction chimique d'un système S qui se produit dans des conditions **isobares**. Les températures initiale et finale sont imposées, mais on ne peut pas contrôler T en chaque point du système, T évolue librement entre les deux états extrêmes, la réaction est dite **monotherme**.

La réaction a lieu dans un récipient fermé et indéformable, le volume est donc maintenu constant, la réaction est dite **isochore**. En considérant les variables T, V :

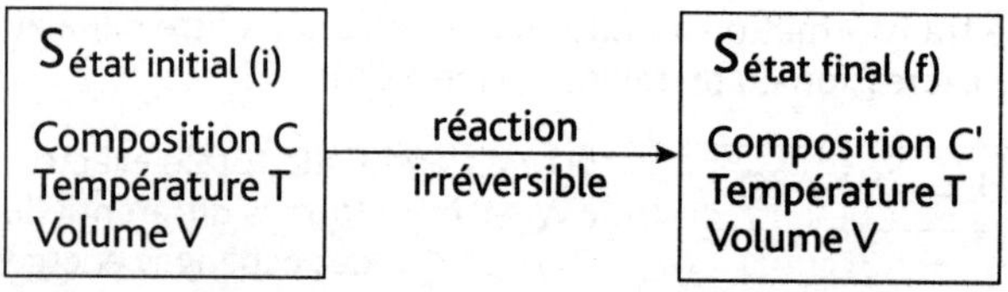

On peut ainsi écrire que la variation d'énergie interne due aux paramètres physiques est nulle. Ceci permet de se concentrer sur la variation d'énergie interne directement liée à la réaction chimique (réorganisations des atomes, modifications des liaisons...).

On isole ainsi l'énergie interne de la réaction notée :

$$\boxed{\Delta U = \Delta_r U}_{T,V}$$

En appliquant le premier principe :

$$\Delta U = W_n + Q_n$$

$$\Rightarrow \Delta U = \Delta_r U = W + Q_V \quad \text{avec} \quad W = -\int_i^f P_{ext} \cdot dV + \mathscr{W}_{net}$$

$\mathscr{W}_{net}$ est le travail net échangé entre le système et le milieu extérieur.
Comme la réaction est isochore, $W = \mathscr{W}_{net}$ donc quand $W = 0$.

Ici la transformation est monotherme isochore.

Dans ces conditions, l'énergie interne de la réaction s'identifie à la quantité de chaleur échangée.

$$\Delta_r U = \mathscr{W}_{net} + Q_V$$

$$\boxed{\Delta_r U = Q_V} \quad \begin{matrix} \mathscr{W} = 0 \\ T, V \end{matrix}$$

• **L'enthalpie**

La réaction se déroule comme précédemment, **la transformation est monotherme monobare**. Les pressions de l'état final et de l'état initial sont imposées par le milieu extérieur, mais au cours de la réaction la pression peut varier du fait des équilibres mécaniques internes qui s'établissent.

Comme dans le cas précédent, mais en considérant les variables T, P, on peut écrire :

$$\boxed{\Delta H = \Delta_r H}_{\ T, P}$$

Les états initial et final sont à l'équilibre, donc $P = P_{externe}$ et donc :

$\Delta_r U = \mathscr{W}_{net} + Q_P$

Pour un travail net nul :

$$\boxed{\Delta_r H = Q_P} \quad \begin{matrix} \mathscr{W} = 0 \\ T, P \end{matrix}$$

Dans ces conditions, l'enthalpie de la réaction est égale à la chaleur échangée au cours de la réaction.

Les grandeurs thermodynamiques (U, H) peuvent, dans certaines conditions, être reliées à des grandeurs calorimétriques (Q_V, Q_P). Ceci permet de faire des mesures expérimentales de calorimétrie pour déterminer U et H.

• **Relation entre U et H**

Comme on l'a vu précédemment, établir une relation entre U et H peut être équivalent à une relation entre Q_V et Q_P.
Que la réaction soit dans des conditions monotherme/monobare/ ou monotherme/isochore/, on cherche à obtenir la même composition finale. On suppose qu'il n'y a pas de variation de phase entre l'état initial et l'état final.

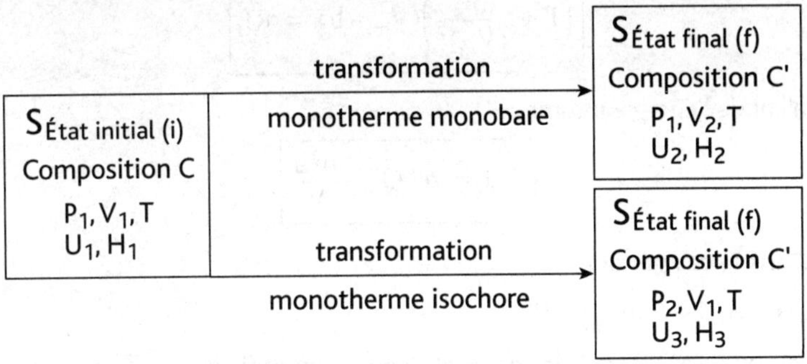

Pour que C' soit identique dans les deux cas, il faut adapter les paramètres expérimentaux. De plus on admettra qu'il n'y a aucune variation du nombre de moles de gaz.

Dans ces conditions et par définition :

$\Delta_r U = U_3 - U_1$ et $\Delta_r H = H_2 - H_1$

$H_1 = U_1 + P_1 V_1$ et $H_2 = U_2 + P_1 V_2$

$$\Rightarrow \boxed{\Delta_r H = H_2 - H_1 = (U_2 - U_1) + P_1(V_2 - V_1)}$$

• Cas des gaz parfaits

Le gaz parfait est constitué de molécules de dimension très faible devant la distance moyenne intermoléculaire.
Dans un système gazeux parfait, les molécules de gaz sont assimilées à des points matériels, et les forces d'interaction qui agissent entre elles sont négligées.
Dans ce cas, les états finaux sont caractérisés par la même température et la même composition :

$$\mathbf{U_3 = U_2 \text{ et } U_2 - U_1 = U_3 - U_1 = \Delta_r U.}$$

En appliquant la loi des gaz parfaits :

$P_1(V_2 - V_1) = (\Delta n) \cdot RT$

avec (Δn) : variation du nombre de moles de gaz entre (i) et (f)

$$\boxed{\Delta_r H = \Delta_r U + (\Delta n) \cdot RT}$$

• Cas des gaz de Van der Waals

C'est un cas particulier de gaz réel, on est dans le cas d'une faible pression.

Pression moléculaire $P_m = -\dfrac{a}{(V_m)^2}$ b = covolume

Équation d'état :

$$\boxed{\left(P + \frac{a}{(V_m)^2}\right)(V_m - b) = RT}$$

Calcul de l'énergie interne :

$$\boxed{\Delta U = n \cdot Q_V - \frac{n^2 a}{V}}$$

• Dans le cas général

$\Delta_r H \approx \Delta_r U + (\Delta n)_{gaz} \cdot RT$

Lorsque $(\Delta n)_{gaz} = 0$, les deux grandeurs s'identifient.

4. Le système de référence

a) La réaction de référence

Pour étudier l'évolution d'un système réel, il est utile de lui associer un système de référence.
L'évolution d'un système de référence est traduite par une réaction de référence.

Réaction de référence :

$$a_1 \cdot A_1 + a_2 \cdot A_2 + \ldots \rightarrow a_i \cdot A_i + a_j \cdot A_j + \ldots$$

réactifs — produits

$a_1 \ldots a_n$ = coefficients stœchiométriques
Le système de référence se voit imposer des conditions de références.

b) Conditions de références

Elles sont appliquées aux constituants du système de référence.
Dans un premier temps, on se limite aux réactions entre corps purs et l'état de référence est l'état standard du corps pur.

Conditions standards
$P = 1 \text{ bar} = 10^5 \text{ Pa}$
$T = 298°K$

Ici, on ne choisira pas T comme étant la température standard, le choix de T est laissé libre. Il y a donc autant d'états standards possibles que de valeurs de T.
L'état standard d'un corps pur est la forme physique stable du corps pris à la température T et sous la pression P (P et T standards).
Exemple : si la forme physique stable du corps dans ces conditions est un gaz alors le corps est considéré comme gaz parfait.

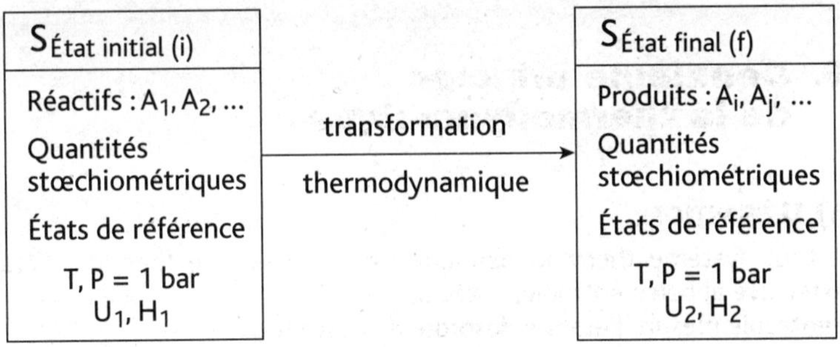

Il faut noter l'importance de ΔH au cours de la transformation car elle se fait sous pression constante de 1 bar.

Lorsque tous les réactifs et les produits sont dans les conditions standard à la température T, on peut définir :

$\Delta_r H^0_T$	Enthalpie standard de réaction
$\Delta_r U^0_T$	Énergie interne standard de réaction

Ces grandeurs sont extensives donc leurs valeurs dépendent du choix des coefficients stœchiométriques de la réaction de référence.

5. Énergie interne et enthalpie standard

A) Grandeurs molaires standard

Convention de l'UICPA : les coefficients stœchiométriques sont algébrisés, ils sont **négatifs** pour les **réactifs** et **positifs** pour les **produits.**

Grandeur molaire standard : pour un corps pur c'est la grandeur relative à une mole du corps pur dans les conditions standard à la température T. Elles sont notées par des lettres minuscules.

$\Delta_r h^0_T$	Enthalpie molaire standard de réaction
$\Delta_r u^0_T$	Énergie interne molaire standard de réaction

Elles vérifient la relation habituelle liant U et H. Pour un corps pur A_i dans les conditions standard et à la température T, on peut écrire :

$$h^0_{i_T} = u^0_{i_T} + P^0 \cdot v^0_{i_T} \qquad v^0_{i_T} = \text{volume molaire du corps pur } A_i$$

Afin de réaliser les calculs, on définit la convention suivante :

Pour tout corps pur simple placé dans les conditions standard strictes, (T = 298°K), $h^0 = 0$.

(Corps simple = espèces chimiques constituées d'atomes du même élément. Ex : O_2, N_2).

6. Deuxième principe de la thermodynamique

A) Définition

À tout système thermodynamique est associée une fonction d'état extensive appelée entropie, notée S.

L'entropie mesure l'état de désordre du système.

Propriétés :

- S est fonction des paramètres d'état caractérisant l'équilibre thermodynamique.
- S est non conservative.
- L'entropie d'un système isolé évoluant de manière irréversible ne peut que croître.
- Au cours d'une réaction réversible, S est constante.

L'énoncé du second principe introduit le critère d'évolution d'une transformation.
Il est nécessaire d'introduire de nouvelles fonctions permettant d'exprimer les critères d'évolution associés à des systèmes isolés ou non.

Définitions :

Le potentiel thermodynamique est une fonction ψ des paramètres d'état du système et des contraintes imposées par le milieu extérieur.
ψ détermine l'évolution du système.
ψ décroît lors d'une évolution spontanée du système et est minimal lorsque l'équilibre thermodynamique est atteint.

B) Réactions réversibles et entropie

Une réaction est réversible si elle est quasi-statique, c'est-à-dire en équilibre thermodynamique à tout instant. Elle est renversable dans le temps : la transformation qui fait passer le système de l'état final à l'état initial passe par les mêmes intermédiaires réactionnels que la transformation étudiée. Dans ce cas, les phénomènes dissipatifs sont négligeables.

Une transformation quasi-statique est susceptible d'être inversée par une modification progressive des contraintes externes qui lui sont appliquées. Ceci permet au système de retrouver ses états antérieurs successifs.

C) Bilan entropique

Comme S est une fonction d'état, sa variation (notée ΔS) entre l'état ***i*** (initial) et l'état ***f*** (final) ne dépend pas du chemin réactionnel suivi pour passer de ***i*** à ***f***. ΔS ne dépend que des états ***i*** et ***f***.

$$\boxed{\Delta S = S_f - S_i}.$$

Pour un système isolé (absence de transfert avec le milieu externe) qui subit une transformation irréversible, l'entropie ne peut qu'augmenter au cours de l'évolution de la réaction.
On note :

$$\boxed{\Delta S = \Delta S_i = \sigma > 0}$$

σ : terme de création d'entropie
(i = transformation irréversible).

S est une fonction d'état, on peut donc écrire en choisissant une transformation réversible :

$$dU = \delta W + \delta Q$$

À partir de l'entropie de ce système fermé, on peut définir les deux grandeurs thermodynamiques suivantes : **la température thermodynamique notée T*** que l'on définit par la relation :

$$\boxed{\frac{1}{T^*} = \left(\frac{\delta S}{\delta U}\right)_V}$$

La pression thermodynamique, notée P* définie par la relation :

$$\boxed{\frac{1}{P^*} = \left(\frac{\delta S}{\delta U}\right)_V}$$

Le second principe appliqué à un système mis en contact avec une source de chaleur de température Te s'écrit :

$$\boxed{\Delta S = \Delta S_e + \Delta S_i}$$

Où ΔS_e est l'entropie échangée entre le système et la source de chaleur, et $\Delta S_i = \sigma$ le terme de création d'entropie. Dans ce cas, la forme différentielle du second principe est :

$$\boxed{dS = \delta S_e + \delta S_i} \qquad \text{avec } \delta_e S = \frac{\delta Q}{T_{externe}}$$

échange création

$\delta_i S > 0$ transformation irréversible

$\delta_i S = 0$ transformation réversible

À l'équilibre thermique $T = T_{externe}$, d'où :

$$dS = \frac{\delta Q_r}{T} \qquad S_f - S_i = \Delta S_e = \int_i^f \frac{\delta Q_r}{T}$$

Dans le cas d'un système isolé thermiquement, évoluant de manière quasi-statique renversable (condition adiabatique) :

$\delta Q_r = 0 \Rightarrow dS = 0 \Rightarrow S = \text{constante}$

Pour un système où seules les forces de pression travaillent, on a les relations suivantes :

$$\boxed{\begin{array}{l} dU = T \cdot dS - P \cdot dV \\ dH = T \cdot dS + V \cdot dP \end{array}}$$

(S et V sont les variables de l'énergie interne, S et P sont les variables de l'enthalpie.)

$dU = \delta W + \delta Q = T \cdot dS - P \cdot dV$

Comme seule la pression intervient :

$$\delta W = -P \cdot dV \Rightarrow \boxed{dS = \frac{\delta Q}{T}}$$

D) Entropie et coefficients thermiques

On choisit un système monophasé d'équation d'état $f(P, V, T) = 0$.

La chaleur échangée par le système au cours d'une transformation réversible est donnée par :

$$\boxed{\delta Q_r = C_V \cdot dT + \ell \cdot dV} \quad (T, P)$$

C_V : capacité thermique isochore

ℓ : coefficient de chaleur de dilatation isotherme

$$\boxed{\delta Q_r = C_P \cdot dT + h \cdot dP} \quad (T, P)$$

C_P : capacité thermique isobare

h : coefficient de chaleur de compression isotherme

En développant $dV_{(T,P)}$ et $dP_{(T,V)}$, les coefficients thermiques s'écrivent :

$$C_P = C_V + \ell \left(\frac{dV}{dT}\right)_P \qquad C_V = C_P + h\left(\frac{dP}{dT}\right)_V$$

$$\delta W = -P \cdot dV$$

$$dU = \delta W + \delta Q = T \cdot dS - P \cdot dV = C_V \cdot dT + (\ell - P) \cdot dV$$

$$\Rightarrow dS = \frac{\delta Q_r}{T} = \frac{C_V}{T} \cdot dT + \frac{\ell}{T} \cdot dV$$

L'expression en différentielle totale fonction des variables T et V s'écrit :

$$\left(\frac{\partial C_V}{\partial V}\right)_T = \left[\frac{\partial(\ell - P)}{\partial T}\right]_V = \left(\frac{\partial \ell}{\partial T}\right)_V - \left(\frac{\partial P}{\partial T}\right)_V \qquad \textbf{(1)}$$

$$\left[\frac{\partial\left(\frac{C_V}{V}\right)}{\partial V}\right]_T = \left[\frac{\partial\left(\frac{\ell}{T}\right)}{\partial T}\right]_V \Rightarrow \frac{1}{T}\left(\frac{C_V}{\partial V}\right)_T = -\frac{\ell}{T^2} + \frac{1}{T}\left(\frac{\partial \ell}{\partial T}\right)_V \qquad \textbf{(2)}$$

La combinaison **(1)** – **T** · **(2)** permet de déterminer le coefficient de chaleur de dilatation isotherme ℓ :

$$\boxed{\ell = T\left(\frac{\partial P}{\partial T}\right)_V}$$

Si l'on considère s'expression de l'enthalpie en fonction des variables T et P, il est possible, de déterminer l'expression du coefficient de chaleur de compression h :

$$\boxed{H = U + PV}_{(T,P)}$$

donc $dH = dU + P \cdot dV + V \cdot dP$

comme $dU = \delta W + \delta Q_r = T \cdot dS - P \cdot dV$

alors $dH = dU + P \cdot dV + V \cdot dP = \delta Q_r + V \cdot dP = C_P \cdot dT + (h + V) \cdot dP$

et comme $P \cdot dV = -\delta W$

alors $dS = \dfrac{\delta Q_r}{T} = \dfrac{C_P}{T} dT + \dfrac{h}{T}$.

D'après les expressions différentielles totales, on a :

$$\left(\frac{\partial C_P}{\partial P}\right)_T = \left[\frac{\partial (h+V)}{\partial T}\right]_P = \left(\frac{\partial h}{\partial T}\right)_P + \left(\frac{\partial V}{\partial T}\right)_P \quad \textbf{(3)}$$

$$\left[\frac{\partial\left(\frac{C_P}{T}\right)}{\partial P}\right]_T = \left[\frac{\partial\left(\frac{h}{T}\right)}{\partial T}\right]_P \Rightarrow \frac{1}{T}\left(\frac{\partial C_P}{\partial P}\right)_T = -\frac{h}{T^2} + \frac{1}{T}\left(\frac{\partial h}{\partial T}\right)_P \quad \textbf{(4)}$$

La combinaison (**3**) – **T** · (**4**) permet de déterminer le coefficient de chaleur de dilatation isotherme h :

$$\boxed{h = -T\left(\frac{\partial V}{\partial T}\right)_P}$$

D'après (1) et (3), on peut déduire :

$$\boxed{\left(\frac{\partial C_V}{\partial V}\right)_T = T\left(\frac{\partial^2 P}{\partial T^2}\right)_V} \quad \text{et} \quad \boxed{\left(\frac{\partial C_P}{\partial P}\right)_T = -T\left(\frac{\partial^2 V}{\partial T^2}\right)_P}$$

E) Utilité des coefficients thermoélastiques

• Dans le cas d'un système soumis à une dilatation isobare, on peut écrire :

On pose $K = \dfrac{1}{V}\left(\dfrac{\partial V}{\partial T}\right)_P \Rightarrow \boxed{h = -K \cdot V \cdot T}$.

• Dans le cas d'un système subissant une compression isochore :

On pose $K' = \dfrac{1}{P}\left(\dfrac{\partial P}{\partial T}\right)_V \Rightarrow \boxed{\ell = K' \cdot P \cdot T}$.

• Dans le cas où le système subit une compression isotherme, on a :

On sait que $\chi_T = -\frac{1}{V}\left(\frac{\partial V}{\partial P}\right)_T$. Donc $K = P \cdot K' \cdot \chi_T$.

$$\Rightarrow \boxed{C_p - C_v = \ell \left(\frac{\partial V}{\partial T}\right)_P = V \cdot T \frac{K^2}{\chi_T}}$$

7. Entropie des gaz parfaits et loi de Laplace

Soit une mole d'un gaz parfait soumis à une transformation thermodynamique adiabatique réversible.
La loi des gaz parfaits est appliquée : $\mathbf{P \cdot V = n \cdot R \cdot T}$
Comme la transformation est adiabatique et réversible, on peut choisir le couple de variables que l'on veut : (P, V), (T, V), (T, P).
On peut écrire :
$\delta Q_r = C_{vm} \cdot dT + P \cdot dV = C_{pm} \cdot dT - V \cdot dP$
et de plus avec les relations donnant :

le rapport des capacités calorifiques, γ $\quad \gamma = \frac{C_p}{C_v}$

les capacités calorifiques molaires, C_{vm} et C_{pm}

$C_{vm} = \frac{R}{\gamma - 1} \quad C_{pm} = \frac{\gamma R}{\gamma - 1}$.

Alors pour n moles du gaz parfait : $dS = \frac{\delta Q_r}{T}$

$$\boxed{dS = n \cdot R\left(\frac{1}{\gamma - 1}\frac{dT}{T} + \frac{dV}{V}\right)} \quad \boxed{dS = n \cdot R\left(\frac{\gamma}{\gamma - 1}\frac{dT}{T} - \frac{dP}{P}\right)}$$

$$\boxed{dS = \frac{n \cdot R}{\gamma - 1}\left(\frac{dP}{P} + \gamma\frac{dV}{V}\right)}$$

Loi de Laplace :

Un gaz parfait ayant un rapport de capacités calorifiques constant possède des paramètres d'état liés.

$$\boxed{P \cdot V^{\gamma} = k \quad T \cdot V^{\gamma - 1} = k' \quad T^{\gamma} \cdot P^{\gamma - 1} = k''}$$

8. Énergie libre et enthalpie libre

Comme on l'a vu, au cours d'une transformation thermodynamique élémentaire réversible, il y a échange de travail et de chaleur.

$$\delta W = -P \cdot dV$$
$$\delta Q_r = T \cdot dS$$

S, U et H sont des grandeurs proportionnelles à la quantité de matière du système, il est donc possible d'associer :

P (variable mécanique intensive) à V (variable mécanique extensive).

T (variable thermique intensive) à S (variable thermique extensive).
Pour permuter P et V, on utilise la transformation de Legendre, on définie ainsi l'enthalpie H.

Pour permuter T et S dans les expressions de dU et dH, on utilise également la transformation de Legendre.
On définit ainsi la fonction **F, énergie libre** du système, et la fonction **G, enthalpie libre** du système.

$$U \longrightarrow \boxed{F = U - T \cdot S}$$

$$dF = dU - T \cdot dS - S \cdot dT \Rightarrow \boxed{dF_{(V,T)} = -P \cdot dV - S \cdot dT}.$$

$$H \longrightarrow \boxed{G = H - T \cdot S}$$

$$dG = dH - T \cdot dS - S \cdot dT \Rightarrow \boxed{dG_{(P,T)} = V \cdot dP - S \cdot dT}.$$

Condition d'évolution et d'équilibre

a) Pour un système qui subit une **transformation monotherme** (T milieu externe = constante) et qui échange le travail W et la chaleur Q avec le milieu extérieur, les expressions suivantes sont vérifiées :

$$\Delta U = W + Q$$

$$\Delta S = \Delta S_e + \Delta S_i \quad \Delta S_e = \frac{Q}{T_{ext}} \quad \Delta S_i \geqslant 0$$

Lorsque le système passe de l'état initial (i) à l'état final (f), on a :

$$\Delta U = U_f - U_i$$

$$\Delta S = S_f - S_i$$

$$Q \leqslant T_{ext}(S_f - S_i) \Rightarrow (U_f - T_{ext} \cdot S_f) - (U_i - T_{ext} \cdot S_i) \leqslant W.$$

Comme $F = U - T \cdot S \Rightarrow \boxed{F = U - T_{ext} \cdot S} \Rightarrow \boxed{\Delta F = F_f - F_i \leqslant W}$.

Dans le cas où le système est soumis uniquement aux forces de pression qui évoluent de façon isochore, on a :

$$W = 0 \Rightarrow \boxed{\Delta F \leqslant 0}.$$

b) Pour un système qui subit une **transformation monobare** (P milieu externe = constante), on a :

$$W = -P_{ext}(V_f - V_i)$$

$$(U_f + P_{ext} \cdot V_f - T_{ext} \cdot S_f) - (U_i + P_{ext} \cdot V_i - T_{ext} \cdot S_i) \leq 0$$

alors $\boxed{\Delta G \leq 0}$ et $\boxed{G = U + P_{ext} \cdot V - T_{ext} \cdot S}$.

Les identités thermodynamiques pour ces fonctions d'état s'écrivent :

$$\boxed{\begin{array}{ll} F = F_{(T,V)} & dF = - S \cdot dT - P \cdot dV \\ G = G_{(T,P)} & dGF = - S \cdot dT + P \cdot dV \end{array}}$$

9. Entropie statistique

Pour un système isolé à l'équilibre thermodynamique, l'entropie est fonction de la quantité de micro-états accessibles pour le système.

L'entropie est donnée par l'équation de Boltzmann :

$$\boxed{S = K_B \ln \Upsilon}$$

K_B = constante de Boltzmann
Υ = nombre de micro-états accessibles par le système

Exemple :
Soit un système ayant n particules se répartissant sur deux niveaux d'énergie.
On a :

$\Upsilon = 2^n$ et $S = K_B \ln 2^n = n \cdot K_B \cdot \ln 2$

L'entropie statistique est donc une fonction croissante du nombre de micro-états. Elle nous renseigne sur l'état d'information du système.

10. Le troisième principe

C'est le principe de Nernst. À température nulle, l'entropie de tout corps est nulle.

$$\boxed{S_{\text{corps pur}}(T = 0\,K^\circ) = 0}$$

PARTIE VII

LOIS DE LA DIFFUSION

1. Diffusion des particules

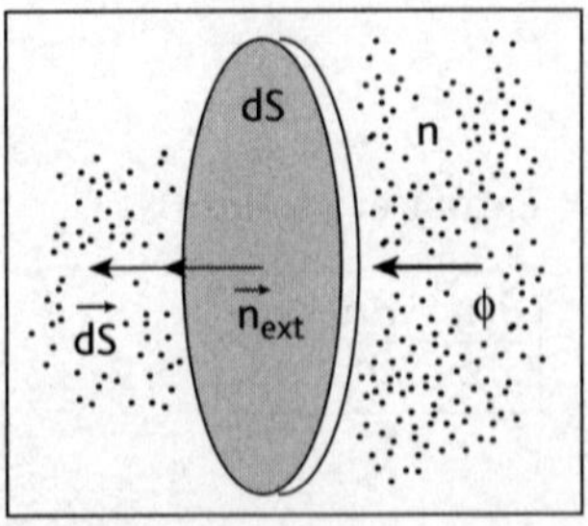

n = densité de particules

dS = élément de surface

ϕ = flux élémentaire des particules

$\vec{n}_{ext}$ = vecteur normal extérieur

$\vec{dS}$ = vecteur surface élémentaire

$$\boxed{\vec{dS} = dS \cdot \vec{n}_{ext}}$$

A) Densité du flux des particules

Pendant l'intervalle de temps ∂t, le nombre de particules de vitesse v traversant l'élément de surface est donné par la relation :

$$\overrightarrow{\delta N} = n \cdot \vec{v} \cdot \delta t \cdot \vec{dS} = (\vec{J}_n \cdot \vec{dS})\, \delta t \;\Rightarrow\; \boxed{\vec{J}_n = n \cdot \vec{v}}$$

où

N = nombre de particules

$\vec{J}_n$ = vecteur densité de flux de particules

J_n s'exprime en $m^{-2} \cdot s^{-2}$

Le nombre de particules traversant l'unité de surface pendant l'intervalle de temps ∂t est donc le flux (ϕ) $\vec{n}_{ext}$ qui est orienté suivant

$$\boxed{d\phi = \vec{J}_n \cdot \vec{dS}}.$$

B) Loi de Fick

Elle exprime le fait que, pendant l'intervalle de temps t au point x de l'élément de surface, le flux de particules n'est pas homogène.

$$\boxed{\vec{J}_n(x,t) = -D \frac{\partial n}{\partial x}(x,t)\, \vec{u}_x}.$$

Le flux s'écoule suivant (Ox) et u_x est le vecteur unitaire orientant.

D est le coefficient de diffusion encore parfois appelé diffusivité. Il est fonction de la taille des particules, de la pression et de la température. D s'exprime en $m^2 \cdot s^{-1}$.

Pour un volume, cette loi s'écrit :

$$\boxed{\vec{J}_n(\text{espace}, t) = -D\, \overrightarrow{\text{grad}}\, n}.$$

Le flux obéit à la loi de conservation de la matière au niveau local : le nombre de particules entrant dans une surface fermée est égal au nombre de particules qui en sortent.

En considérant un volume élémentaire (cylindre) de section s et de hauteur dx, on peut écrire :

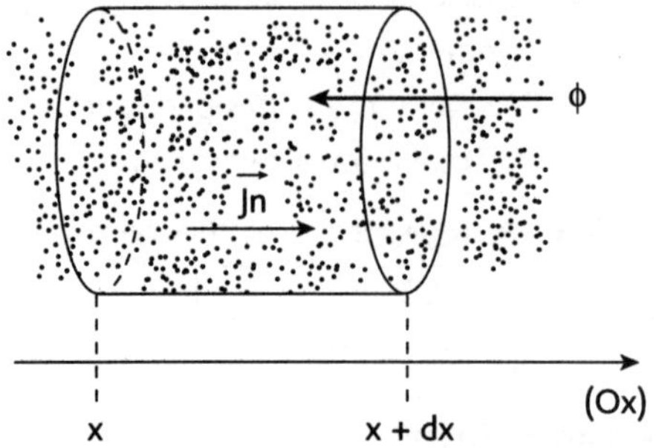

Entre t et (t + dt) :

$$\boxed{\frac{\partial Jn}{\partial x} + \frac{\partial n}{\partial t} = 0}$$

En appliquant la loi de Fick, on peut écrire l'équation de diffusion :

$$\frac{\partial}{\delta x}\left(-D\frac{\delta n}{\delta x}\right) + \frac{\delta n}{\partial t} = 0 \Rightarrow \boxed{\frac{\delta n}{\partial t} = D\frac{\delta^2 n}{\delta x^2}}$$

Il est nécessaire de préciser les conditions initiales et les conditions de limite de l'expérience.

Diffusion d'un gaz : étude au niveau microscopique

Les molécules du gaz 1 diffusent dans le gaz 2 appelé « gaz solvant ». Les molécules des deux gaz sont assimilées à des sphères de rayon r_1 et r_2.

Il peut y avoir collision entre deux molécules si la particule de rayon r_1 traverse un disque de surface s.

$\boxed{s = \pi(r_1 + r_2)^2}$ s = surface efficace de collision

En supposant les molécules du gaz solvant immobiles, la distance moyenne parcourue par les molécules du gaz 1 entre deux collisions est appelée le libre parcours moyen lp. (Attention lp n'a aucune signification dans un solide.)

$$lp = \frac{1}{n \cdot s}$$

Si on prend en compte le mouvement des molécules de solvant, alors lp s'écrit :

$$\boxed{lp = \frac{1}{\sqrt{2} \cdot n \cdot s}}$$

Le coefficient de diffusion est relié au libre parcours moyen ainsi qu'à la vitesse moyenne des particules.

$$D = \frac{1}{3} lp \cdot \bar{v}$$

2. Diffusion thermique

On retrouve les mêmes principes que pour la diffusion de particules.
Définition du flux thermique $d\phi$: c'est la quantité de chaleur qui traverse une surface dans un intervalle de temps donné.

$$\boxed{\partial Q = d\phi \cdot \partial t}$$

∂Q = quantité de chaleur qui traverse l'élément de surface.
∂t = intervalle de temps.
$d\phi$ = flux thermique élémentaire.
Pendant l'intervalle de temps ∂t, le flux thermique traversant l'élément de surface dS est donné par la relation :

$$\boxed{d\phi = \vec{Jq} \cdot \vec{dS}}$$

avec

- $\vec{dS}$ = vecteur surface élémentaire
- $\boxed{\vec{dS} = dS \cdot \vec{n}_{ext}}$
- $\vec{n}_{ext}$ = vecteur normal extérieur

Jq s'exprime en $W \cdot m^{-2} = J \cdot m^{-2} \cdot s^{-1}$

Loi de Fourier :

Elle exprime la proportionnalité entre le courant thermique et le gradient de température. Elle introduit la conductivité thermique (K) du milieu traversé. Elle traduit la réaction du milieu à une perturbation. Lorsqu'une inhomogénéité de température apparaît dans le milieu, un courant de chaleur apparaît pour minimiser la différence de température au sein du milieu.

$$\boxed{\vec{Jq}(x,t) = -K\frac{\partial T}{\partial x}(x,t)\,\vec{u_x}}$$

K s'exprime en $J \cdot m^{-1} \cdot K^{-1}$.
Le flux de chaleur s'écoule suivant (Ox) et u_x est le vecteur unitaire orientant.
Pour un volume, on a :

$$\boxed{\vec{Jq}(\text{espace},t) = -K\,\overrightarrow{\text{grad}}\,T}$$

En considérant un volume élémentaire cylindrique de section, de hauteur dx, de conductivité thermique K, de masse volumique ρ, et de chaleur massique c, on peut écrire :

$$\rho c\frac{\partial T}{\partial t} + \frac{\partial Jq}{\partial x} = 0$$

pour l'intervalle de temps $(t + dt)$.

En trois dimensions :

$$\rho c \frac{\partial T}{\partial t} + \mathrm{div}\overrightarrow{Jq} = 0$$

C'est un bilan énergétique.

On peut définir un coefficient de diffusion thermique Dq :

$$Dq = \frac{K}{\rho c}$$

Équation de chaleur :

C'est l'équation de la diffusion thermique. Elle s'obtient en appliquant la loi de Fourier au bilan énergétique.

On suppose que la conductivité thermique est la même en tous points du milieu étudié et on précise les conditions initiales et limites du sytème.

On peut alors écrire :

Pour une surface : $\frac{\partial T}{\partial t} = \frac{K}{\rho c} = \frac{\partial^2 T}{\partial x^2}$

Pour un volume : $\frac{\partial T}{\partial t} = \frac{K}{\rho c} \Delta T$

PARTIE VIII

LA RÉACTION CHIMIQUE

1. Rappels basiques et définitions

Le phénomène par lequel des substances se transforment en d'autres substances par suite d'une redistribution des atomes qui entrent dans leurs formules est une réaction chimique.

Les réactions chimiques sont représentées par les équations chimiques.

• **Les réactants** sont les substances qui disparaissent lors de la réaction, ils sont à gauche de la flèche dans l'équation chimique (on les nomme aussi réactifs).

• **Les produits** sont les substances qui se forment lors de la réaction chimique, ils sont à droite de la flèche de l'équation.

Les espèces chimiques sont représentées par des formules qui correspondent à la réalité expérimentale.

Lois de conservation de la matière et de la charge :

• La loi de conservation de la matière stipule que les atomes ne sont ni créés ni détruits au cours d'une réaction chimique. Dans une équation, il doit toujours y avoir le même nombre d'atomes présents dans chaque membre (de chaque côté de la flèche).

Le respect de cette loi conduit à équilibrer les équations.

• La loi de conservation des charges implique qu'au cours d'une réaction mettant en jeu des ions, les charges totales (somme algébrique des charges ioniques) sont conservées. Cette loi conduit à écrire des équations équilibrées au niveau des charges.

2. Stœchiométrie

Les mesures et les calculs des quantités de substances mises en jeu dans les processus chimiques constituent l'étude de la stœchiométrie de la réaction.

Le nombre placé devant chaque formule dans une équation pour l'équilibrer est le coefficient stœchiométrique.

A) Équilibrage des équations

Le coefficient stœchiométrique doit être un nombre entier le plus petit possible qui permet de satisfaire aux lois de conservation de la matière et de la charge.

Exemples :

$$4H_2O + 3Fe \longrightarrow Fe_3O_4 + 4H_2$$

$$2\,(Na^+, ClO_3^-) + (Na^+, Cl^-) \longrightarrow 3\,(Na^+, ClO_2^-)$$

Les ions Na^+ ne sont pas concernés par la transformation chimique, ils sont appelés ions spectateurs ou ions indifférents. La plupart du temps, l'écriture de l'équation chimique sera simplifiée en ne les mentionnant pas : $2ClO_3^- + Cl^- \longrightarrow 3ClO_2^-$

On peut parfois utiliser des coefficients fractionnaires, mais, dans ce cas, on parle de moles de substance.
Si l'équation chimique doit représenter le processus réel de rencontre entre les espèces chimiques réagissantes (acte élémentaire), il est obligatoire d'utiliser des coefficients entiers. Les rencontres entre espèces chimiques ne peuvent pas raisonnablement concerner plus de deux entités élémentaires à la fois (la probabilité de collision de trois molécules simultanément est très faible) et donc, la somme des coefficients d'un acte élémentaire n'excédera pas 2.

B) Relations pondérales

L'équation équilibrée donne les informations fondamentales concernant les quantités des substances chimiques mises en jeu lors de la réaction.
La construction d'un tableau regroupant les données de l'équation permet d'envisager tous les calculs possibles.
Les calculs sont basés sur des relations de proportionnalité.

Exemple :

Réaction	2 Mg +	O_2 ⟶	2MgO
Moles	2	1	2
Grammes	2 × 24,3	32	2 × 40,3
Grammes et litres	2 × 24,3	22,4	2 × 40,3
g	2,43	X	Y
g et l	2,43 g	Z l	Y g

$$\frac{2,43}{2 \times 24,3} = \frac{X}{32} = \frac{Z}{22,4} = \frac{Y}{2 \times 40,3}$$

Soit X = 1,6 g Y = 4,03 g Z = 1,12 l

C) Notion de quantité équivalente

Si, dans une réaction, on utilise les quantités de réactants juste nécessaires pour qu'aucun d'eux ne se trouve en excès ou en défaut, on dit que l'on utilise des quantités équivalentes de réactants.
Exemple :

$2\,Mg + O_2 \longrightarrow 2\,MgO$

Sont équivalentes toutes quantités de Mg et de O_2 telles que :

$$\frac{\text{Nombre de moles de Mg}}{\text{Nombre de moles d'}O_2} = \frac{2}{1}.$$

3. Avancement et rendement d'une réaction

A) L'AVANCEMENT

Il représente les coordonnées dans le temps de la réaction. Il mesure la progression de la réaction au cours du temps.

L'avancement d'une réaction peut être mesuré par le nombre de moles d'un réactant consommé ou le nombre de moles d'un produit formé lorsque la réaction s'est déroulée pendant un temps t.

	αA +	βB $\longrightarrow$	χP
À t = 0	m_A	m_B	0
À t on a X_A moles de A consommées :	$(m_A - X_A)$	$\left(m_B - \frac{\beta}{\alpha} X_A\right)$	$\frac{\chi}{\alpha} X_A$

Soit la réaction suivante :

$$a_0 A_0 + a_1 A_1 + a_2 A_2 + a_3 A_3 + \dots a_i A_i \longrightarrow a_j A_j + a_k A_k + \dots + a_n A_n$$

$a_0, \dots, a_n$ sont les coefficients stœchiométriques de la réaction.
On pose $n_0, \dots, n_n$ comme étant les nombres de moles des substances $A_0, \dots, A_n$.

Si $n_i(t)$ est le nombre de moles du constituant Ai à l'instant t,
Si n_{i0} est le nombre de moles du même constituant Ai à l'état initial (t = 0).
Alors on peut écrire en suivant la loi des « proportions définies » de Lavoisier :

$$\boxed{\frac{n_1(t) - n_{10}}{a_1} = \frac{n_2(t) - n_{20}}{a_2} = \dots = \frac{n_i(t) - n_{i0}}{a_i}}.$$

L'avancement de la réaction Λ à l'instant t **est la valeur commune de tous ces rapports**. On note :

$$\forall i, \boxed{\Lambda(t) = \frac{n_i(t) - n_{i0}}{a_i}}.$$

L'avancement est parfois appelé variable de Donder.
On peut aussi la trouver sous sa forme différentielle :

$$\boxed{d\Lambda(t) = \frac{dn_i(t)}{a_i}}.$$

Les coefficients stoechiométriques étant sans dimension, l'avancement s'exprime en moles.

B) Rendement d'une réaction

C'est le rapport entre le nombre de moles d'une substance obtenues expérimentalement et le nombre de moles maximum qu'il est possible d'obtenir de cette substance.

$$\text{Rendement} = \rho = \frac{\text{Nombre de moles obtenues}}{\text{Nombre maximum de moles attendues}}$$

Généralement le rendement est donné sous forme de pourcentage :

$$\rho\,\% = \frac{\text{Nombre de moles obtenues}}{\text{Nombre maximum de moles attendues}} \times 100.$$

Le rendement peut également être calculé avec les masses correspondantes aux nombres de moles.

Exemple :

$$2\,Mg + O_2 \longrightarrow 2\,MgO$$

Nombre de moles de Mg au départ : $\frac{50}{24{,}3} \simeq 2{,}06$

Nombre de moles de MgO maximales attendues : 2,06

Nombre de moles de MgO effectivement obtenues : $\frac{60}{40{,}3} \simeq 1{,}49$

$$\rho = \frac{1{,}49}{2{,}06} \simeq 0{,}723 \qquad \rho\,\% = \frac{1{,}49}{2{,}06} \times 100 = 72{,}3$$

Les rendements expérimentaux sont très souvent inférieurs aux rendements maxima possibles : réaction totale sans perte de produit (rendement = 1). Les transferts de matière, les procédés de séparation et de purification des produits ne sont jamais parfaits et il se produit toujours des pertes. De plus, les réactions ne sont jamais totales et il existe souvent des réactions secondaires conduisant à des produits non désirés.

C) Notion de réactif limitant

Une réaction chimique peut se poursuivre aussi longtemps que tous les réactants nécessaires sont présents dans le milieu réactionnel. Le processus s'arrête obligatoirement quand l'un d'eux (le réactant limitant) est consommé.
Ainsi la quantité de produits formés dépend de la quantité de réactif limitant présent.

L'avancement peut être utilisé pour déterminer quel est le réactif limitant. On utilisera alors la relation :

$$\forall i,\ n_i(t) = n_{i0} + a_i \cdot \Lambda(t)$$

On cherche alors à connaître le domaine de variation de Λ en fonction de la nature de la réaction. Il existe deux cas limites :

• La réaction n'évolue pas depuis l'état initial (repos chimique) :

$\forall i, n_i(t) = n_{i0} + a_i \cdot \Lambda(t) = n_{i0}$ soit $\Lambda = 0$ à tout instant.

• La réaction est totale : un des réactants (A_j) est épuisé. Dans l'état final : $n_j = 0$ soit $\Lambda = -\dfrac{n_{j0}}{a_j} = \lambda_j > 0$ puisque $a_j = 0$

Si la réaction de référence A_j est le réactif limitant, les variations de Λ seront telles que :

$$\boxed{0 \leqslant \Lambda \leqslant \lambda_j \text{ moles}}$$

La borne supérieure dépend de a_j et de n_{j0} : sa valeur est propre au milieu réactionnel.

• **Le degré d'avancement de la réaction** (τ) est la proportion du réactif limitant qui s'est transformée entre l'état initial et l'état d'instant t. C'est une grandeur sans dimension.

Le nom donné au degré d'avancement peut être différent suivant le type de réaction :

– degré de dissociation,
– taux de conversion,
– degré de protonation.

$$\boxed{\tau = \frac{\text{Nombre de moles de réactif limitant transformé}}{\text{Nombre de moles de réactif limitant initial}}}$$

Pour toute réaction :

$$\boxed{0 \leqslant \tau \leqslant 1}$$

4. Classification des réactions

Les réactions chimiques distinguent les réactifs et les produits, donnent la stœchiométrie, mais ne donnent aucune information sur la manière dont la réaction se déroule, donc sur son mécanisme.

Il existe différentes manières de classifier les réactions suivant l'aspect macroscopique que l'on considère :

• La nature du mélange réactionnel (homogène ou hétérogène).

• Le taux de conversion des réactants (réaction complète ou incomplète, équilibre chimique).

Une classification plus précise peut être donnée grâce aux aspects microscopiques des réactions.

• Mode de décomposition et de formation des liaisons mises en jeu.

• Type d'entités élémentaires échangées (protons, électrons...).

A) Réactions en phase homogène. Solutions

• Une solution est un mélange homogène de molécules, d'atomes ou d'ions de deux ou plusieurs substances.

• Une solution peut se présenter dans trois états physiques possibles : gazeux, liquide ou solide.

• Tous les mélanges gazeux sont homogènes et peuvent être appelés solutions.

Plus généralement, lorsque l'on parle de solution, on se réfère à la phase liquide.

Une solution liquide est constituée d'au moins un composé liquide (le solvant) dans lequel on dissout des gaz, d'autres liquides ou des solides (les solutés).

Le soluté dissous peut être ionique ou moléculaire. Le plus souvent, les solvants non polaires dissolvent des composés apolaires et les solvants polaires dissolvent les composés covalents polaires ou les composés ioniques.

Les solutions solides les plus connues sont les solutions métalliques (exemple : l'amalgame dentaire : mercure + argent).

• Le contact entre les espèces réagissantes est indispensable au déroulement de la réaction.

Lorsque les molécules sont à l'état solide, le contact n'est pas toujours bien réalisé. À l'état liquide ou dissous, les molécules sont en mouvement ce qui augmente la probabilité de rencontre.

À l'état gazeux, le mouvement moléculaire est intense, mais le nombre de molécules dans un volume donné est fortement réduit par rapport aux autres états, ce qui implique que les collisions moléculaires sont fonction de la pression.

En général, les réactions sont plus rapides en milieu liquide ou gazeux. Les réactions faisant intervenir des solides ont lieu seulement à la surface des solides et ne mettent en jeu qu'une petite fraction des molécules présentes dans le solide.

• Les réactions en solutions moléculaires ou ioniques sont les plus fréquentes.

• Les quantités de réactifs et de produits mis en œuvre dans une réaction en solution sont définies par les concentrations des solutions.

• **La concentration** est la masse ou le volume de soluté présent dans une quantité donnée de solvant.

Ces quantités peuvent être exprimées de plusieurs manières.

Pourcentage en masse du soluté
$\% \, m_i / m_s = \dfrac{\text{masse du soluté i}}{\text{masse de la solution s}} \times 100$
Pourcentage en volume du soluté
$\% \, v_i / v_s = \dfrac{\text{volume du soluté i}}{\text{volume de la solution s}} \times 100$
Fraction molaire du soluté
$\chi_i = \dfrac{\text{nombre de moles du soluté i}}{\text{nombre total de moles (soluté + solvant)}}$
Molalité
$mi = \dfrac{\text{nombre de moles du soluté i}}{\text{masse du solvant en Kg}}$
Molarité
$Mi = \dfrac{\text{nombre de moles du soluté i}}{\text{volume de la solution en l}}$

- **Calculs stœchiométriques avec les solutions**

Soit la réaction suivante : $\alpha A + \beta B \xrightarrow{\text{solvant S}} \gamma C$

Composé A : molarité M_A, volume V_A
Composé B : molarité M_B, volume V_B

Nombre de moles de A $= \alpha \cdot M_A \cdot V_A$
Nombre de moles de B $= \beta \cdot M_B \cdot V_B$

Il est possible de mélanger les volumes V_A et V_B de solutions A et B dans le solvant S.
Comme les molarités et les volumes respectifs des solutions A et B sont connus, il est possible de calculer les nombres de moles (n_A et n_B) mis en jeu.
La stœchiométrie de la réaction impose :

$$\boxed{N_A = \alpha \cdot M_A \cdot V_A = \beta \cdot M_B \cdot V_B = N_B}$$

Ainsi, chaque réactif sera présent en quantité juste nécessaire.

B) Réactions en phase hétérogène

Dans une réaction hétérogène interviennent deux ou plusieurs phases. Soient elles existent dans le milieu réactionnel de départ, soient elles apparaissent au cours de la réaction.

Dans un mélange réactionnel hétérogène, la réaction a lieu à la surface des phases qui réagissent.

Exemple : dissolution de zinc métallique dans un acide.

$$Zn + 2H^+_{aq} \longrightarrow Zn^{2+}_{aq} + H_2 \uparrow$$

Les réactions au cours desquelles des cristaux précipitent dans la solution sont également des réactions en milieu hétérogène.

Exemple :

$$Cl^-_{aq} + Ag^+_{aq} \longrightarrow AgCl \downarrow$$

$$SO^{2-}_{4\,aq} + Ba^{2+}_{aq} \longrightarrow BaSO_4 \downarrow$$

Les solutions d'où se dégage un gaz sont un autre cas de milieu réactionnel hétérogène obtenu en cours de réaction.

Exemple :

$$CO^{2-}_{3\,aq} + 2H^+_{aq} \longrightarrow H_2CO_3 \longrightarrow H_2O + CO_2 \uparrow$$

$$S^{2-}_{aq} + 2H^+_{aq} \longrightarrow H_2S \uparrow$$

Les réactions catalysées en milieu hétérogène :

Exemple : hydrogénation d'un alcène en présence de Palladium.

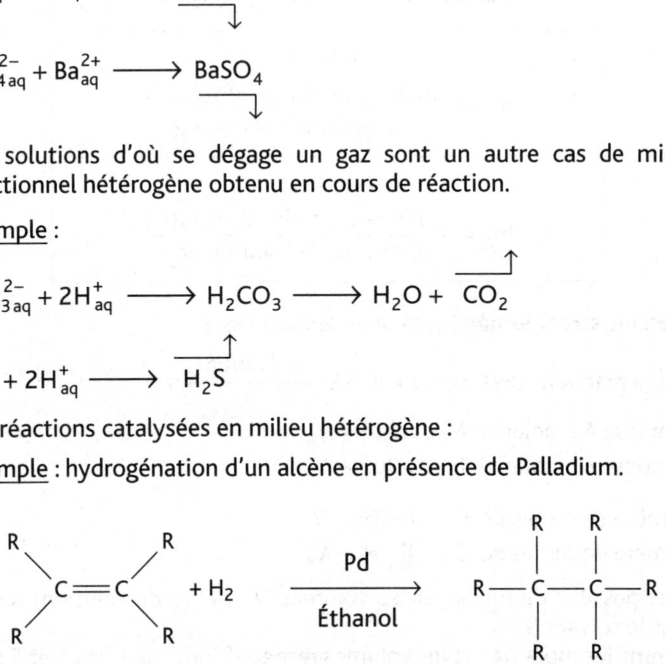

c) Réaction complète/Réaction incomplète

• Si au cours d'une réaction, l'ensemble ou l'un des réactants disparaît complètement, on dit que la réaction est **complète**.

• Le plus souvent, le processus s'arrête avant que la totalité des réactifs soit consommée, la réaction est alors **incomplète**.

• Les plus souvent, les rencontres entre les réactants deviennent trop rares et la réaction est tellement ralentie qu'elle semble arrêtée (au fur et à mesure que la réaction se développe, la concentration en réactifs diminue).

• La réaction peut aussi se développer dans deux sens opposés (réversible), elle atteint un état final dans lequel les réactants et les produits sont présents : cas de l'équilibre chimique.

D) RÉACTION RÉVERSIBLE

• Une réaction qui ne se produit que dans un seul sens est dite irréversible. Néanmoins lorsque l'on change les conditions réactionnelles (température, pression, catalyseur...), la réaction peut évoluer dans le sens opposé.

• Une réaction réversible est une réaction qui, dans les conditions opératoires, se développe dans les deux sens.

• Lorsque la composition d'un mélange réactionnel ne varie plus, c'est que la réaction a atteint l'état d'équilibre.

La convention d'écriture de l'équilibre chimique est la suivante :

$$\text{Réactifs (état initial)} \underset{\text{équilibre de dissociation}}{\overset{\text{équilibre de formation}}{\rightleftarrows}} \text{Produits (état final)}$$

Les exemples de réactions réversibles sont nombreux : réactions acide-base, réaction redox...

Bien que, dans des conditions opératoires fixées, le nombre de moles des espèces chimiques présentes à l'équilibre soit invariant cela ne signifie pas qu'il ne se produit plus de réaction lorsque l'équilibre est atteint.

En fait, il apparaît, par unité de temps, autant d'une espèce chimique donnée qu'il en disparaît :

Pour : $A \underset{2}{\overset{1}{\rightleftarrows}} B$ à l'équilibre, la quantité de A consommé (sens 1) pendant l'intervalle de temps t est égale à la quantité de A formé (sens 2) pendant t. Il en est de même pour B.

• À l'équilibre, la vitesse de formation d'un corps est égale à sa vitesse de disparition.

• Un équilibre peut être caractérisé quantitativement par une constante d'équilibre K_e.

E) Facteurs influençant la position d'équilibre

Ce sont des influences extérieures :

- Variation de température
- Variation de pression
- Variation de la concentration

L'influence de ces facteurs est énoncée par **le principe de Le Chatelier : « un système à l'équilibre réagit à une contrainte extérieure de manière à en minimiser les effets ».**

5. Autres classifications

Elles sont basées sur les mécanismes réactionnels.

A) Les réactions de synthèse

Il y a moins de produits que de réactants.

$$CH_2{=}CH_2 + Cl_2 \longrightarrow CH_2Cl{-}CH_2Cl$$

B) Les réactions de décomposition

$$2\,H_2O_2 \longrightarrow 2\,H_2O + O_2$$

C) Les réactions de chimie organique

Elles sont étudiées en détail dans le chapitre les concernant.
On peut rapidement citer :

- Réaction d'addition

$$CH_2{=}CH_2 + Cl_2 \longrightarrow CH_2Cl{-}CH_2Cl$$

- Réaction d'élimination

$$CH_3{-}CH_2OH \longrightarrow CH_2{=}CH_2 + H_2O$$

- Réaction de substitution

$$NaI + CH_3Cl \longrightarrow CH_3I + NaCl$$

- Réaction de transposition

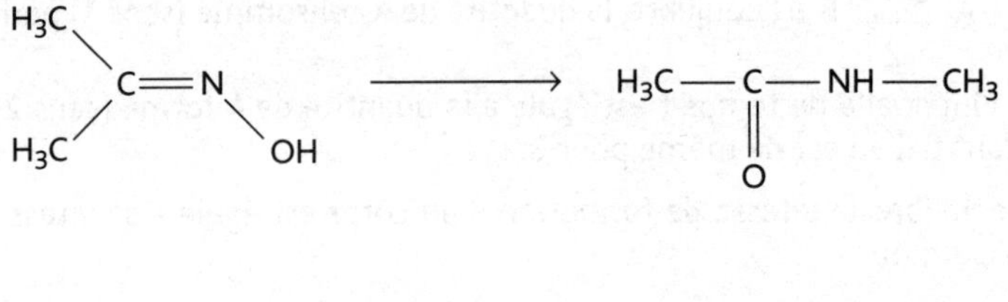

PARTIE IX

CINÉTIQUE CHIMIQUE

1. Généralités sur les vitesses de réaction

On considère une réaction chimique ne passant pas par des états intermédiaires et ne possèdant pas de réaction secondaire parasite :

$$a_0A_0 + a_1A_1 + a_2A_2 + a_3A_3 + \dots a_iA_i \longrightarrow a_jA_j + a_kA_k + \dots + a_nA_n$$

$a_0, \dots, a_n$ sont les coefficients stœchiométriques de la réaction.
On pose $n_0, \dots, n_n$ comme étant les nombres de moles des substances $A_0, \dots, A_n$.
L'avancement de la réaction est à tout instant le reflet de la composition instantanée. On note l'avancement de la réaction Λ à l'instant t :

$$\forall i, \boxed{\Lambda(t) = \frac{n_i(t) - n_{i0}}{a_i}} \quad \Leftrightarrow \quad \forall i, \forall t\ n_i(t) = n_{i0} + a_i\,\Lambda(t)$$

On peut définir la vitesse globale de la réaction (V en mol / s) comme :

$$\boxed{\forall i, \forall t \quad V = \frac{d\Lambda}{dt} = \frac{1}{a_i} \cdot \frac{dn_i}{dt}}$$

En milieu homogène, la vitesse est rapportée au volume du milieu réactionnel (Vol) et on définit la vitesse de réaction (v_r) :

$$\boxed{v_r = \frac{1}{Vol} \cdot V = \frac{1}{a_i} \cdot \frac{d\left(\frac{n_i}{Vol}\right)}{dt}}$$

$$\text{comme } [A_i] = \frac{n_i}{Vol} \quad \Rightarrow \quad \boxed{\forall i, \forall t \quad v_r = \frac{1}{a_i} \cdot \frac{d[A_i]}{dt}} \quad v_r \text{ en mol / L.s}$$

On peut également définir la vitesse de disparition d'un réactif et la vitesse de formation d'un produit :

$$v_d = \frac{d[\text{réactif}]}{dt} \qquad v_f = \frac{d[\text{produit}]}{dt}$$

2. Constante de vitesse et ordre des réactions

La vitesse d'une réaction chimique dépend de la température et de la concentration des différents réactifs. Si on maintient la température constante pendant toute la durée de l'expérience, la vitesse ne dépend plus que des concentrations molaires.
On peut faire apparaître la vitesse comme :

$$\boxed{v_r = k \cdot [A_1]^{\alpha 1} \cdot [A_2]^{\alpha 2} \dots [A_n]^{\alpha n}}.$$

Dans ce cas, la réaction a un ordre.

- **k est la constante de vitesse.** Elle dépend de la température mais est indépendante des concentrations. k s'exprime en mol / l.s.
- **α est l'ordre partiel** du constituant.
- La somme des ordres partiels donne l'**ordre global** de la réaction.

Dans le cas de réactions avec ordre, la constante de vitesse, k, suit la loi d'Arrhénius :

$$\boxed{k = A \cdot e^{-\frac{Ea}{RT}}}$$

Ea est l'énergie d'activation de la réaction, elle est toujours positive. C'est la barrière énergétique que doivent franchir les réactifs pour se transformer en produits.
A est le facteur de fréquence, il est constant pour une réaction donnée.
A et Ea peuvent être déterminés expérimentalement en utilisant :

$$\ln k = \ln A - \frac{Ea}{RT}$$

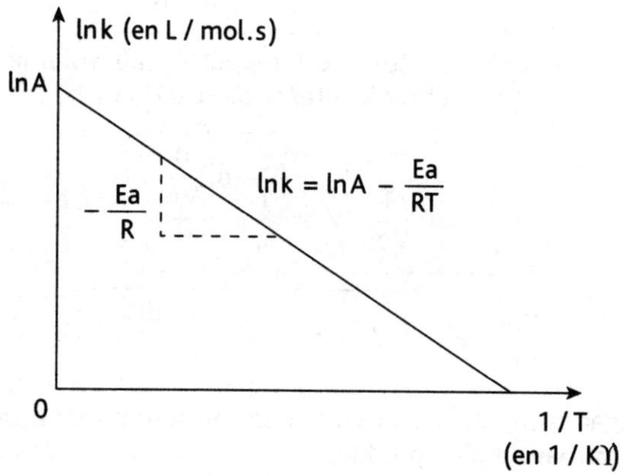

Soit la réaction :

$$\begin{array}{llll} & A \quad + & B \longrightarrow C & v_r = k[A]^a \cdot [B]^b \\ t = 0 & C_A & C_B & \\ t & C_A - x & C_B - x & \end{array}$$

$$\forall t, \quad x < C_A \quad \Rightarrow \quad x \ll C_B \quad \Rightarrow \quad [B] = C_B - x \approx C_B$$

Comme B est en excès, la variation de sa concentration est infime, la loi de vitesse devient :

$$v_r = k[A]^a \cdot [B]^b \approx k[A]^a \cdot C_B^b = k'[A]^a$$

avec $k' = k \cdot C_B^b = \text{constante}$.

L'ordre global de la réaction est passé de (a + b) à (a) : il y a eu dégénérescence de l'ordre. La réaction est de **pseudo-ordre** (a).

Étape cinétiquement déterminante :

On considère une réaction en deux étapes faisant intervenir un intermédiaire.

$$A \xrightarrow{k_1} B \xrightarrow{k_2} C$$

k_1 et k_2 sont les constantes de vitesse.

• **Si $k_2 \gg k_1$:**

La vitesse de formation de C s'identifie à la vitesse de la première réaction élémentaire. C'est elle qui contrôle la réaction chimique globale.

• **Si $k_1 \gg k_2$:**

La totalité du composé A se transforme en B très rapidement, la vitesse de formation de C s'identifie à la vitesse de la deuxième réaction élémentaire.

• **En général :**

Dans un mécanisme composé de plusieurs réactions successives, c'est la réaction élémentaire qui possède la constante de vitesse la plus basse qui limite la cinétique du processus global. C'est **l'étape limitante**.

3. Réactions élémentaires

C'est une réaction qui ne possède pas d'intermédiaire réactionnel : dans le milieu, on ne peut détecter que les réactifs et les produits.

Elles sont caractérisées par la **molécularité** : nombre de particules réagissantes mises en jeu dans le processus.

Réaction unimoléculaire : $A \longrightarrow B$

Réaction bimoléculaire : $A + B \longrightarrow C$

Réaction trimoléculaire : $A + B + C \longrightarrow D$

En général, les réactions élémentaires n'ont pas une molécularité supérieure à trois.

Les réactions élémentaires suivent la **règle de Van't Hoff** : « dans une réaction chimique élémentaire, les ordres partiels sont égaux aux coefficients stœchiométriques, et l'ordre global est égal à la molécularité ».

4. Diagrammes réactionnels

Ces diagrammes permettent de suivre l'évolution énergétique du système.

Soit la réaction radicalaire suivante :

$$A\cdot + B-C \longrightarrow A-B + C\cdot$$

L'énergie totale du système est donnée par :

$$E_{totale} = E_A + E_B + E_C + Ep$$

E_A, E_B, E_C = énergies des atomes ABC.

Ep = énergie potentielle d'échange.

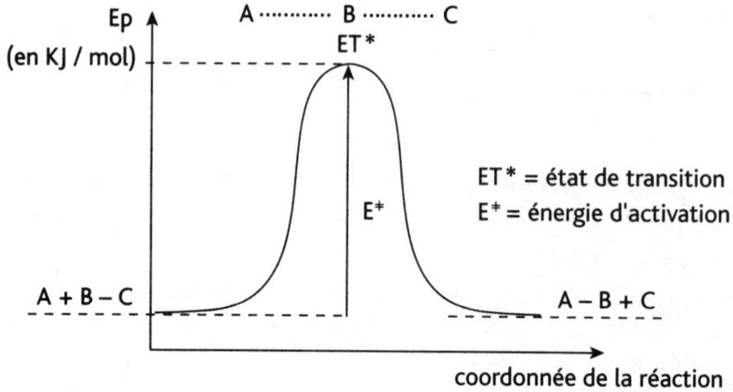

$E^{\neq}$ est différente de E_a de la loi d'Arrhénius. Ici l'énergie correspond à la barrière énergétique que le système doit franchir pour atteindre l'état de transition.

5. Intermédiaires réactionnels

C'est une entité apparaissant dans la succession des étapes élémentaires décrivant un mécanisme et ayant disparu lorsque la réaction est achevée.

La réaction possède deux étapes et passe par un intermédiaire réactionnel, son profil réactionnel possède deux barrières énergétiques.

Les deux états de transition correspondent à des maxima énergétiques au milieu desquels se trouve l'intermédiaire réactionnel, à un niveau d'énergie inférieur.

$$A - B + C \longrightarrow A - \overset{+}{B} - C \longrightarrow A + B - C$$

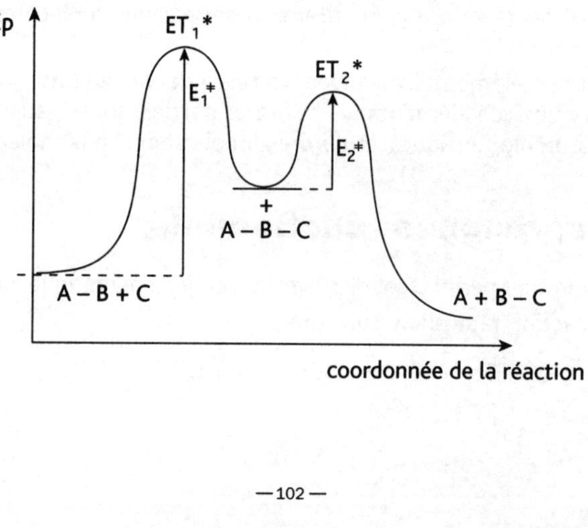

Un intermédiaire réactionnel possède une durée de vie assez longue pour être étudié par des techniques d'analyses rapides comme la RMN ou la spectroscopie. L'état intermédiaire au contraire, est indécelable, car sa durée de vie est extrêmement courte.

Lorsqu'une réaction possède deux intermédiaires réactionnels possibles, elle passe toujours par l'intermédiaire le plus stable qui se trouve être celui qui se forme le plus rapidement.

Le postulat de Hammond stipule que dans les réactions élémentaires endoénergétiques, l'état de transition est voisin de l'intermédiaire réactionnel et qu'il est possible de les confondre. Ainsi il est possible de transférer les données de l'intermédiaire réactionnel vers l'état de transition.

- **Chemin énergétique**

Réactions élémentaires :

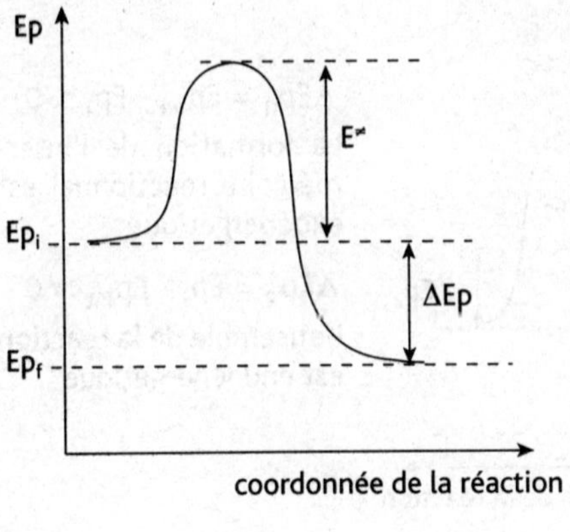

Réaction exoénergétique

$\Delta Ep = Ep_f - Ep_i < 0$

Le niveau énergétique des réactifs est supérieur au niveau énergétique des produits.
Les produits sont plus stables que les réactifs.

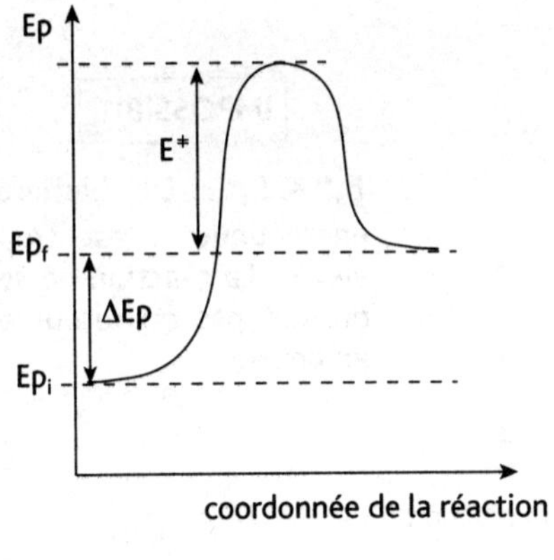

Réaction endoénergétique

$\Delta Ep = Ep_f - Ep_i > 0$

Le niveau énergétique des réactifs est inférieur au niveau énergétique des produits.
Les réactifs sont plus stables que les produits.

Réactions complexes :

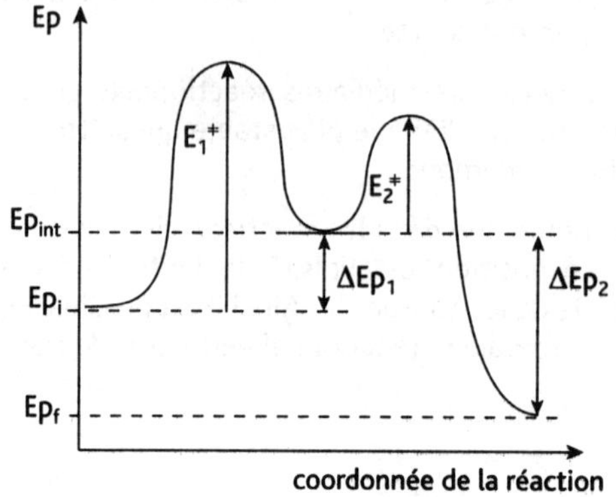

$\Delta Ep_1 = Ep_{int} - Ep_i > 0$

La formation de l'intermédiaire réactionnel est endoénergétique

$\Delta Ep_2 = Ep_i - Ep_{int} < 0$

L'ensemble de la réaction est exoénergétique

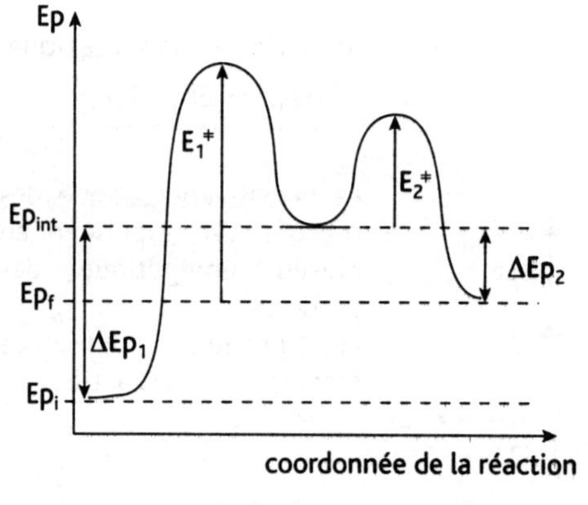

$\Delta Ep_1 = Ep_{int} - Ep_i < 0$

La formation de l'intermédiaire réactionnel est exoénergétique

$\Delta Ep_2 = Ep_i - Ep_{int} > 0$

L'ensemble de la réaction est endoénergétique

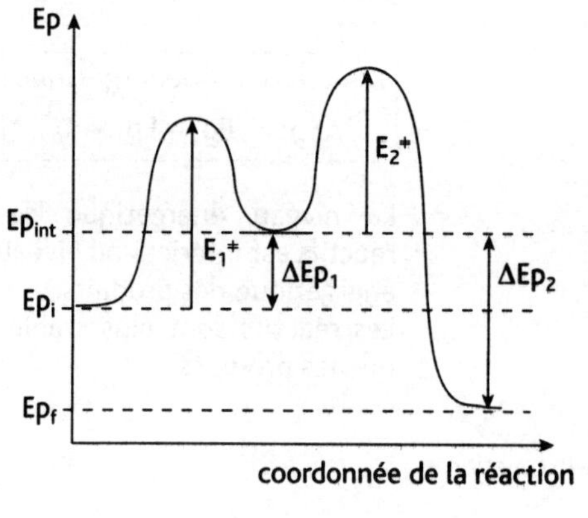

IMPOSSIBLE

$E_1^{\neq} < E_2^{\neq}$. La barrière énergétique 2 est trop élevée. La réaction ne se produit pas ou retourne en arrière.

Réactions avec catalyseur :

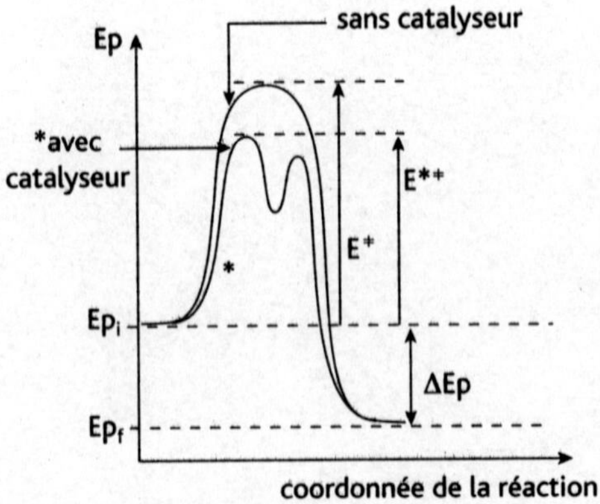

Le rôle du catalyseur est d'abaisser l'énergie d'activation.
La réaction est facilitée, elle peut passer par la formation d'un intermédiaire réactionnel.

PARTIE X

DEUX TYPES DE RÉACTIONS FONDAMENTALES : REDOX ET ACIDE/BASE

Une réaction chimique présente toujours 3 aspects fondamentaux :
• Un bilan de matière
• Un bilan énergétique
• Une évolution en fonction du temps qui s'écoule.

1. Réactions Redox

A) Généralités

Dans une réaction Redox l'état de valence (répartition des électrons de valence) de certains atomes varie.

Dans une réaction Acide–Base, l'état de valence des atomes ne varie pas. Le critère de distinction est simple : l'état d'oxydation des atomes.

Exemples :

Redox : $2\,Na + Cl_2 \longrightarrow 2\,Na^+ + 2\,Cl^-$

Acide–Base :

$$2\,(Na^+, Cl^-) + (2H^+, SO_4^{2-}) \longrightarrow (2Na^+, SO_4^{2-}) + 2\,(H^+, Cl^-)$$

Dans la première réaction, Na perd 1 électron, Cl gagne 1 électron. Dans la deuxième réaction, chaque atome garde son environnement électrique.

Attention, cette classification ne reflète en rien les mécanismes réels d'échanges d'électrons et d'atomes au cours des réactions.

B) État d'oxydation et nombre d'oxydation

Les formules de Lewis permettent de dénombrer les électrons se trouvant à la périphérie des ions simples, des atomes engagés dans des molécules et des ions complexes. Ceci permet de suivre les échanges électroniques qui se produisent au cours d'une transformation chimique.

• Une augmentation du nombre d'électrons de valence (de la densité électronique) correspond à une diminution de l'état d'oxydation.
• Une diminution du nombre d'électrons de valence correspond à une augmentation de l'état d'oxydation.

À un état d'oxydation donné on associe un nombre appelé **nombre d'oxydation.**

C'est la variation du nombre d'oxydation d'un élément au cours d'une transformation qui doit être considérée. Cette variation correspond au nombre d'électrons perdus ou gagnés par l'élément au cours de la réaction chimique.

L'attribution du nombre d'oxydation d'un atome se base sur des règles simples et sur l'électronégativité.

Règle 1 : Le nombre d'oxydation (n.o.) d'un atome dans les corps simples est égal à zéro.

On écrit le nombre d'oxydation en chiffres romains en haut et à droite du symbole chimique de l'élément.

Exemples : Na^0, Fe^0, N_2^0, Cl_2^0

Règle 2 : Les ions simples ont un nombre d'oxydation égal à leur charge nette.

Exemples : $Mg^{2+(+II)}$, $S^{2-(-II)}$, $H^{+(+I)}$

Règle 3 : Dans les corps purs composés, la convention qui permet d'attribuer les nombres d'oxydation se base sur les valeurs de l'électronégativité.

• On attribue arbitrairement les électrons mis en commun par deux atomes différents à l'atome le plus électronégatif.

• On répartit à parts égales les électrons partagés par deux atomes identiques.

• On compare ensuite le nombre d'électrons ainsi répartis à celui de l'atome (n.o. = 0) : la charge apparente ainsi attribuée donne le nombre d'oxydation.

La somme des nombres d'oxydation d'une espèce neutre est égale à zéro.

Exemples :

$HCCl_3$

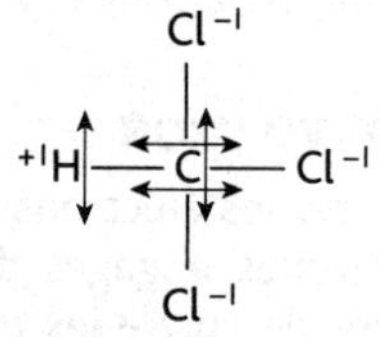

H_2CO

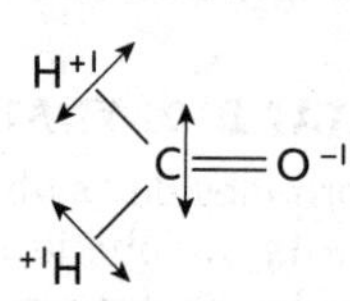

n.o.C : (– I – I – I + I) + n.o.C = 0

n.o C = + II

n.o.C : (– II + I + I) + n.o.C = 0

n.o C = 0

La somme des nombres d'oxydation d'un ion complexe est égale à la charge de l'ion.

ClO^-

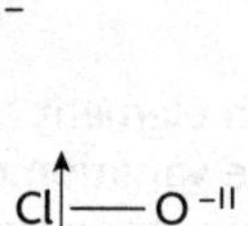

CO_3^{2-}

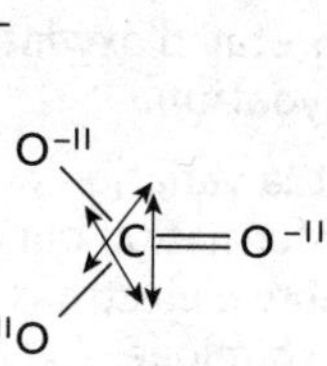

n.o.Cl : (– II) + n.o.Cl = – I

n.o Cl = + I

n.o.C : (– II – II – II) + n.o.C = – II

n.o C = + IV

Remarques : Un même élément peut posséder plusieurs nombres d'oxydation.
Les métaux s^1 ont pratiquement toujours le degré d'oxydation (+ I).
Les métaux s^2 ont toujours le degré d'oxydation (+ II).
F ne peut prendre que les degrés d'oxydation (O) et (– I), alors que Br, Cl, et I existent sous différents états d'oxydation.

2. Réactions d'oxydo-réduction

Les électrons jouent un grand rôle dans la réaction chimique. Lorsqu'ils ne sont pas fournis par du courant électrique (réaction électrochimique) ils sont issus des réactifs.
Certains réactifs cèdent facilement des électrons alors que d'autres les attirent fortement. Par exemple, les métaux alcalins cèdent facilement leurs électrons, c'est le cas des éléments très électropositifs. À l'inverse, les halogènes, comme le Fluor, attirent fortement les électrons, c'est le cas des éléments électronégatifs.

A) Définitions

• **Oxydation :** perte d'électrons par des atomes, des ions ou des molécules.
• **Réduction :** gain d'électrons par des atomes, des ions ou des molécules.
Oxydation et réduction ont toujours lieu simultanément et en quantités équivalentes : les électrons perdus par un élément sont gagnés par un autre. Ce type de réaction est une réaction Redox.

La réaction Redox peut toujours être séparée en **deux demi-réactions** :
• La demi-réaction dans laquelle un élément perd des électrons : la demi-réaction d'oxydation qui correspond à un couple Redox.
• La demi-réaction dans laquelle un élément gagne des électrons : la demi-réaction de réduction qui correspond à un couple Redox.
• **Oxydant :** c'est la substance qui provoque l'oxydation (la perte d'électrons) d'une autre substance dans la réaction Redox. C'est la substance qui gagne des électrons.
• **Réducteur :** c'est la substance qui provoque la réduction (le gain d'électrons) d'une autre substance dans la réaction Redox. C'est la substance qui perd des électrons.

B) Notion de couple Redox

Dans une réaction Redox, l'oxydant est réduit et le réducteur est oxydé.
On définit ainsi deux espèces chimiques se correspondant par un échange électronique : **le couple Redox.** On peut donc écrire :

$$\text{Donneur} \rightleftharpoons \text{Accepteur} + \text{électron(s)}$$

Cependant, les données électrochimiques et thermodynamiques sur ces échanges conduisent à écrire :

$$\text{Ox} + z\text{e}^- \rightleftharpoons \text{Red}^{z-}$$

Les grandeurs des réactions de référence associées au couple Redox sont toujours prises dans ce sens.

En solution aqueuse on dispose d'une échelle de potentiels d'électrode qui permet de faire des prévisions sur l'évolution des réactifs. Les substrats organiques peuvent eux aussi être répartis sur une échelle d'oxydoréduction. Ainsi dans la prévision d'une réaction Redox, **un oxydant réagit toujours sur un réducteur dont le potentiel est inférieur au sien.**

c) Équilibration

L'équilibration d'une réaction Redox se fait en plusieurs étapes :
• Détermination des nombres d'oxydation des réactifs et des produits (identification de l'oxydant et du réducteur) et écriture des deux demi-réactions.
• Écriture et équilibration des deux demi-réactions.
• Écriture de l'équation bilan (somme des deux demi-réactions).

Exemple :

Couple Redox	Potentiel standard
CH_3CO_2H / CH_3CH_2OH	$E^0 = 0{,}11$ V
$Cr_2O_7^{2-}$ / Cr^{3+}	$E^0 = 1{,}33$ V

Ici le dichromate ($E^0 = 1{,}33$ V) va oxyder l'éthanol ($E^0 = 0{,}11$ V)

Écriture des demi-équations des couples Redox :

$$Cr_2O_7^{2-} + 14H^+ + 6e^- \rightleftharpoons 2Cr^{3+} + 7H_2O$$

$$CH_3CO_2H + 2H^+ + 2e^- \rightleftharpoons CH_3CH_2OH + H_2O$$

Équilibration des électrons : le nombre d'électrons dans chaque demi-réaction doit être le même. Ici la réduction du dichromate nécessite 6 électrons alors que l'oxydation de l'éthanol n'apporte que 2 électrons. La demi-réaction d'oxydation sera donc multipliée par 3.

Équation Redox bilan :

$$3CH_3CH_2OH + Cr_2O_7^{2-} + 8H^+ \rightleftharpoons 2Cr^{3+} + 4H_2O + 3CH_3CO_2H$$

Pour les réactions qui se passent en milieu aqueux, on emploie généralement des équations ioniques, ce qui permet d'éliminer les ions qui n'ont pas un rôle essentiel dans la réaction et donc de simplifier les équations chimiques.

Exemple : Réaction en milieu aqueux acide.

$$FeSO_4 + KMnO_4 + H_2SO_4 \longrightarrow Fe(SO_4)_3 + MnSO_4 + K_2SO_4 + H_2O$$

Ici les ions sulfate (SO_4^{2-}) et potassium (K^+) n'ont pas d'influence sur la réaction, en simplifiant l'équation on peut l'équilibrer plus facilement.

$$Fe^{2+} + MnO_4^- + H^+ \longrightarrow Fe^{3+} + Mn^{2+} + H_2O.$$

Détermination des nombres d'oxydation :

$$Fe^{2+} + MnO_4^- + H^+ \longrightarrow Fe^{3+} + Mn^{2+} + H_2O$$

$$(+II) \quad (+VII \text{ et } -II) \quad (+I) \longrightarrow (+III) \quad (+II) \quad (+I \text{ et } -II)$$

Écriture et équilibration des deux demi-réactions :

$Fe^{2+} \longrightarrow Fe^{3+} + 1e^- (\times 5)$ Oxydation

$MnO_4^- + 5e^- \longrightarrow Mn^{2+}$ Réduction

Équation bilan :

$$5Fe^{2+} + MnO_4^- + H^+ \longrightarrow 5Fe^{3+} + Mn^{2+}$$

Équilibration des charges et des atomes :

$$5Fe^{2+} + MnO_4^- + 8H^+ \longrightarrow 5Fe^{3+} + Mn^{2+} + 4H_2O$$

Cette méthode donne exactement le nombre d'électrons échangés d'un système Redox à l'autre et permet d'écrire l'équation bilan traduisant quantitativement la réaction.

3. Cellule d'étude pour la détermination des potentiels Redox

La détermination électrochimique d'un potentiel Redox d'un couple nécessite une cellule électrochimique possédant un couple de référence, donc d'une électrode de référence.
Le couple de référence est H_3O^+ / H_2

$$2H_3O^+ + 2e^- \rightleftarrows H_2 + 2H_2O$$

L'électrode de référence est **l'électrode normale à hydrogène**. Elle est constituée d'une lame de platine recouverte de platine divisé plongeant dans une solution HCl de $pH = 0$. La lame est au contact de gaz H_2 sous une pression de 1 bar (pression de référence).

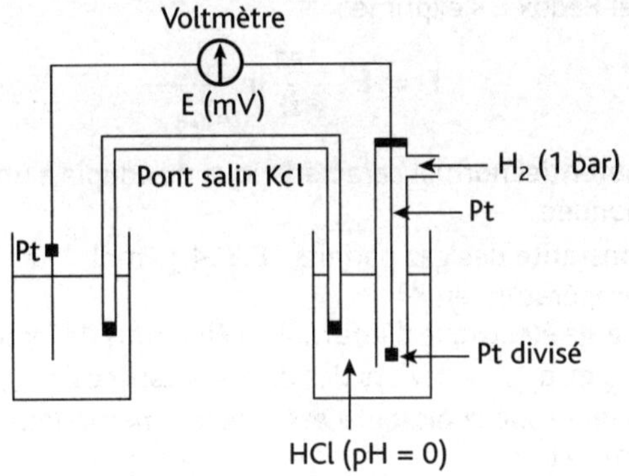

Pour définir le potentiel électrochimique d'un couple, on utilise une électrode normale à hydrogène et on cherche quel est le pôle positif.

Par définition, le potentiel Redox d'un couple correspond à la force électromotrice (*f.e.m*) de cette cellule. Le signe positif ou négatif est donné par la nature de l'électrode (pôle + ou pôle –) dans la cellule d'étude. On a donc deux cas possibles :

• Le couple Redox fonctionne en pôle positif : le potentiel Redox est positif. L'oxydant du couple arrache des électrons à la lame de platine. Les réactions aux électrodes sont :

$$Ox + ne^- \longrightarrow Red^{n-}$$
$$H_2 + 2H_2O \longrightarrow 2H_3O^+ + 2e^-$$

- - - - - - - - - - - - - - - - - - - -

$$2\,Ox + nH_2 + 2nH_2O \longrightarrow 2Red^{n-} + 2nH_3O^+ \text{ (équation bilan)}$$

L'oxydant du couple est meilleur que l'ion H_3O^+.

• Le couple Redox fonctionne en pôle négatif : le potentiel Redox est négatif. Le réducteur du couple apporte des électrons à la lame de platine. Les réactions aux électrodes sont :

$$Red^{n-} \longrightarrow Ox + ne^-$$
$$2H_3O^+ + 2e^- \longrightarrow H_2 + 2H_2O$$

- - - - - - - - - - - - - - - - - - - -

$$2Red^{n-} + 2nH_3O^+ \longrightarrow 2\,Ox + nH_2 + 2nH_2O \text{ (équation bilan)}$$

Le réducteur du couple est meilleur que le H_2.

4. Formule de Nernst

La formule de Nernst exprime l'influence de la température et de la concentration sur le potentiel Redox.

Pour le couple Redox :

$$\alpha Ox + \ldots + ze^- \rightleftharpoons \beta\, Red^{z-} + \ldots$$

Le potentiel Redox E s'exprime :

$$E = E^0 + \frac{RT}{zF} \ln \frac{a_{Ox}^{\alpha} \ldots}{a_{Red}^{\beta} \ldots}$$

Avec E^0 : potentiel normal caractéristique du couple à une température donnée

R : constante des gaz parfaits (8,314 $J \cdot mol^{-1} \cdot K^{-1}$)

T : température en K°

F : charge électrique d'une mole d'électrons (le faraday)(96485 C)

a_{Ox} et a_{Red} : activités des diverses espèces.

L'activité d'une espèce dissoute est la valeur numérique de sa concentration en mol/L.

L'activité d'un gaz est la valeur numérique de sa pression exprimée en bar.

L'activité d'une phase condensée est la valeur unité.

À 298°K on peut calculer le coefficient numérique du logarithme népérien :

$$\ln_{10} \cdot \frac{RT}{F} = 2{,}30 \cdot \frac{8{,}314 \times 298}{96485} \approx 0{,}0595 \text{ V}$$

Soit la formule généralement utilisée :

$$E = E^0 + \frac{0{,}0595}{z} \lg \frac{a_{Ox}^{\alpha} \ldots}{a_{Red}^{\beta} \ldots}$$

Pour le couple de référence :

$$2H_3O^+ + 2e^- \rightleftarrows H_2 + 2H_2O$$

avec par définition les activités suivantes :

– pour H_3O^+, pH = 0

– pour H_2, p = 1 bar

– pour H_2O, a = 1

D'où par application de l'équation de Nernst $E^0 H_3O^+/H_2 = 0$.

C'est la convention du couple de référence.

Exemple :

Calcul du potentiel normal du couple $Fe(CN)_6^{3-}/Fe(CN)_6^{4-}$.

Les ions ferreux et ferriques en solution forment des complexes stables avec le cyanure de potassium.

Le potentiel Redox standard du couple Fe^{3+}/Fe^{2+} est de 0,77 V.

Les constantes de complexation des ions complexes $[Fe(CN)_6]^{4-}$ et $[Fe(CN)_6]^{3-}$ sont respectivement KI = 10^{24} et KII = 10^{31}.

$$Fe^{2+} + 6CN^- \rightleftarrows [Fe(CN)_6]^{4-}$$

$$Fe^{3+} + 6CN^- \rightleftarrows [Fe(CN)_6]^{3-}$$

Il y a échange d'un électron (z = 1).

$$[Fe(CN)_6]^{3-} + 1e^- \rightleftarrows [Fe(CN)_6]^{4-}$$

D'après l'équation de Nernst :

$$E = E^0_{Fe^{3+}/Fe^{2+}} + \frac{0{,}0595}{z} \lg \frac{(Fe^{3+})}{(Fe^{2+})}$$

et

$$E = E^0_{FeCN_6^{3-}/FeCN_6^{4-}} + \frac{0{,}0595}{z} \lg \frac{(FeCN_6^{3-})}{(FeCN_6^{4-})}$$

d'où

$$E = E^0_{FeCN_6^{3-}/FeCN_6^{4-}} + \frac{0{,}0595}{z} \lg \frac{KII \cdot (Fe^{3+})}{KI \cdot (Fe^{2+})}$$

D'où par identification et remplacement des valeurs numériques :

$$E = E^0_{FeCN_6^{3-}/FeCN_6^{4-}} = 0{,}77 + 0{,}0595 \lg \frac{10^{24}}{10^{31}} = +\ 0{,}35\ V$$

Remarque : on voit ainsi que la complexation stabilise plus l'ion fer III que l'ion fer II. En effet, l'ion $[Fe(CN)_6]^{3-}$ accepte moins facilement un électron que l'ion Fe^{3+}. Le caractère réducteur du fer II est aussi unfluencé car $[Fe(CN)_6]^{4-}$ perd plus facilement un électron que Fe^{2+}.

5. Prévision des réactions d'oxydo-réductions

Diagrammes de prédominance

On pose le couple Redox Ox/Red qui suit la loi de Nernst.

$$\alpha\, Ox + \ldots + ze^- \rightleftharpoons \beta\, Red^{z-} + \ldots$$

$$E = E^0 + \frac{RT}{zF} \ln \frac{a^{\alpha}_{Ox} \ldots}{a^{\beta}_{Red} \ldots}$$

On choisit de tracer un axe vertical des potentiels Redox. Suivant l'axe les domaines de prédominance se placent en comparant la valeur du potentiel E du couple Ox/Red par rapport à la valeur de E^0.

Domaines de prédominance

$E = E^0 \Rightarrow (Ox) = (Red)$

$E > E^0 = (Ox) > (Red)$

$E < E^0 = (Ox) < (Red)$

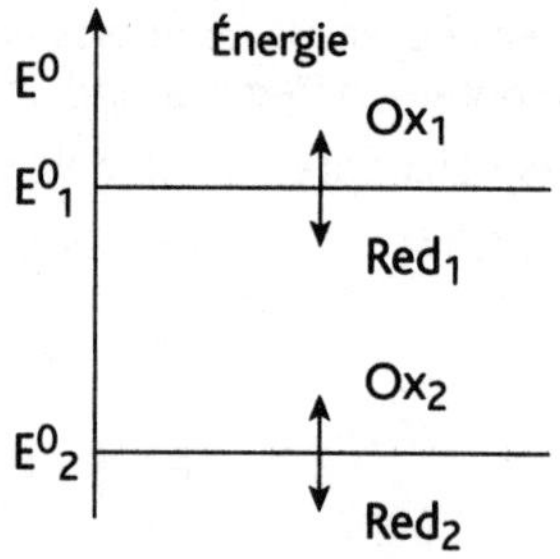

Dans le cas d'un couple Redox ayant une stœchiométrie simple, le potentiel Redox normal délimite la frontière des zones de prédominance des espèces oxydant et réducteur.

En se référant au diagramme de prédominance il est possible de prévoir le sens le plus favorable de la réaction Redox.

La réaction la plus favorisée sera celle où l'oxydant du couple de potentiel normal le plus élevé réagira sur le réducteur du couple de potentiel normal Redox le plus faible.

$Ox1 + Red2 \longrightarrow Ox2 + Red1$

(Ceci correspond à la réaction la plus favorisée mais cela ne signifie pas que la réaction est totale dans ce cas là, ni qu'elle est impossible dans le sens inverse. On est en présence d'un équilibre).

PARTIE XI

RÉACTIONS ACIDE-BASE

Une réaction est un processus acido-basique lorsque les échanges d'atomes entre espèces ont lieu sans variation des nombres d'oxydation. Les échanges concernent des espèces chimiques diverses : atomes, ions...
En fonction de la particule échangée, on définit plusieurs classes d'acides et de bases.
La classe la plus courante fait appel à un échange de protons. Ces réactions ont lieu en milieu aqueux ou protique.
La définition de Lewis est la plus générale car elle englobe toutes les classes : elle se base sur les échanges d'électrons de liaison dans les réactions.

1. Réactions acide-base en milieu protique

A) Théorie d'Arrhénius

Arrhénius définit comme acide (AH) un composé qui libère des protons (H^+) en solution aqueuse.
Une base (BOH) dans les mêmes conditions libère des ions hydroxydes (OH^-).
L'ionisation peut être partielle ou totale, ceci distingue les acides forts et les bases fortes des acides faibles et des bases faibles.

$$AH + H_2O \rightleftharpoons A^- + H_3O^+$$

$$BOH \rightleftharpoons OH^- + B^+$$

Certaines substances peuvent libérer soit des protons soit des ions hydroxydes, elles sont appelées amphotères.

Une neutralisation entre un acide et une base produit un sel et de l'eau.

$$AH + BOH \longrightarrow \underset{\text{sel}}{BA} + H_2O$$

B) Théorie de Brönsted-Lowry

La théorie d'Arrhénius ne pouvant pas expliquer les propriétés basiques de certains composés tel que NH_3 gazeux, Brönsted et Lowry donnèrent une nouvelle définition acide-base.

Un acide est un composé capable de libérer un proton (donneur de H^+).
Une base est un composé susceptible de capter un proton (accepteur de H^+).

$$AH \rightleftharpoons A^- + H^+$$

$$B + H^+ \rightleftharpoons BH^+$$

Ces auteurs ont introduit le concept de couple acide-base : à tout acide correspond une base conjuguée et réciproquement.

Une neutralisation est un transfert de protons entre un acide et une base. Les sels sont des agrégats d'ions produits au cours de certaines réactions de neutralisation.

La théorie de Brönsted-Lowry peut se résumer par les trois équations suivantes :

$$\text{Acide 1} \longrightarrow H^+ + \text{Base 1}$$
$$\text{Base 2} + H^+ \longrightarrow \text{Acide 2}$$

$$\text{Acide 1} + \text{Base 2} \longrightarrow \text{Acide 2} + \text{Base 1}$$

Cette théorie est plus générale que la précédente car elle permet d'étendre le raisonnement à tout solvant protique et d'établir une classification des couples acide-base en fonction de leurs forces relatives.

acide 1	base 2		acide 2	base 1
HCl	$+ H_2O$	$\rightleftarrows$	H_3O^+	$+ Cl^-$
H_2O	$+ NH_3$	$\rightleftarrows$	NH_4^+	$+ OH^-$
H_2O	$+ HCO_3^-$	$\rightleftarrows$	H_2CO_3	$+ OH^-$

Le tableau ci-dessus montre qu'un même composé peut présenter tantôt la fonction acide, tantôt la fonction base selon la nature du composé auquel il est associé. L'eau est un bon exemple d'amphotère.
La position de chaque équilibre dépend de la force relative des acides et des bases mis en présence ci-dessus :
HCl est un acide plus fort que H_2O
Cl^- est une base plus faible que H_2O
H_2O est un acide faible et sa base conjuguée OH^- est une base forte.

c) Force des acides et des bases

Plus un acide est bon donneur de protons, plus il est fort.
La base conjuguée d'un acide fort est une base faible.
Plus une base capte facilement les protons, plus elle est forte.
L'acide conjugué d'une base forte est un acide faible.
Ainsi les relations entre acides et bases permettent d'établir une échelle relative de leurs forces.
La force relative des acides par rapport à une base est déterminée grâce à la position de l'équilibre :

$$HA + B \rightleftarrows A^- + BH^+$$

L'échelle des acides de Brönsted-Lowry a été établie dans l'eau.
La théorie de Brönsted-Lowry peut être généralisée aux solvants protiques. En effet chaque fois qu'une réaction met en jeu un échange de protons elle peut être considérée comme une réaction acide-base.

Exemple : réaction dans l'acide acétique.

$$HClO_4 + CH_3COOH \rightleftharpoons ClO_4^- + CH_3COOH_2^+$$

$$NH_3 + CH_3COOH \rightleftharpoons NH_4^+ + CH_3COO^-$$

Comme l'eau, l'acide acétique est un solvant amphotère.

L'eau est une base assez forte pour donner une réaction complète avec les meilleurs donneurs de protons $HClO_4$, HNO_3, HCl, HBr. Ce sont des acides forts et la réaction s'écrit de manière habituelle :

$$HClO_4 + H_2O \longrightarrow H_3O^+ + ClO_4^-$$

L'acide le plus fort qui puisse être mesuré dans l'eau est H_3O^+. Les composés meilleurs donneurs de protons que H_3O^+ donnent cet ion dans l'eau et apparaissent comme ayant la même force. C'est l'effet nivelant de l'eau sur la force des acides.
Cela signifie qu'une mole de n'importe quel acide fort en solution dans l'eau entraîne la formation d'une mole H_3O^+ et donc d'une solution acide de même force.

D) Mesure de l'acidité d'une solution aqueuse, notion de pH, notion de pK_A

• Une solution aqueuse acide est une solution dans laquelle la concentration des ions H_3O^+ est supérieure à celle rencontrée dans l'eau pure.

• Une solution aqueuse basique est une solution dans laquelle la concentration des ions OH^- est supérieure à celle rencontrée dans l'eau pure.

• Le pH d'une solution est égal au cologarithme décimal de sa concentration en ions $H^+(H_3O^+)$.

$$\boxed{pH = -\log[H^+]} \quad \text{ou encore} \quad \boxed{[H^+] = 10^{-pH}}$$

Dans l'eau pure, $[H^+] = [OH^-]$ (électroneutralité de l'eau). Cette concentration a été mesurée, elle est égale à 10^{-7}. Le pH de l'eau pure est donc :

$$pH = -\log 10^{-7} = 7$$

Les pH inférieurs à 7 sont ceux des solutions acides.
A la neutralité le pH est égal à 7.
Les pH plus grands que 7 sont ceux des solutions basiques.

E) Théorie de Lewis

C'est une théorie encore beaucoup plus générale que la précédente.

Pour Lewis un acide est une corps qui peut capter une certaine densité électronique, le plus souvent un doublet d'électrons. Une base est alors

un corps capable de céder une certaine densité électronique, le plus souvent un doublet d'électrons.
Dans ce cadre une neutralisation conduit à la formation d'un composé covalent appelé complexe de coordination.

$$Fe^{3+} + 6\,CN^- \rightleftharpoons [Fe(CN)_6]^{3-}$$

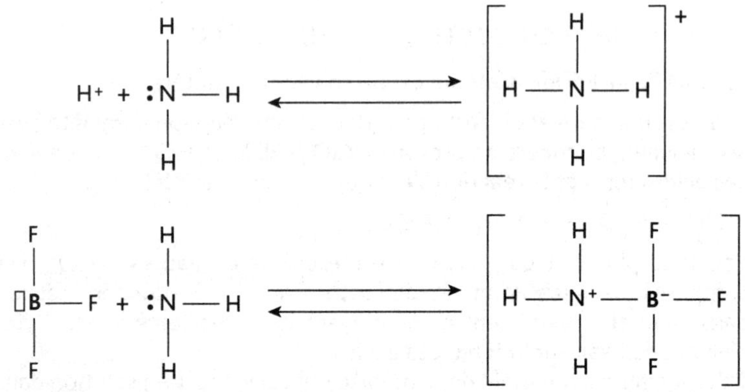

Les composés tels que BF_3 ou $AlCl_3$ sont des acides de Lewis. Al et B (ces éléments possèdent une case vide), entourés de 6 électrons peuvent capter un doublet pour former un octet.
À l'inverse, les composés tels que NH_3, F_2 possèdent des doublets libres qu'ils peuvent céder, ce sont donc des bases de Lewis.
Il n'existe pas d'échelle universelle de force pour les acides et les bases de Lewis.
L'échelle des forces dépend de la référence.
Des classifications ont été proposées, telle que celle de **Pearson**. Elle distingue les acides et les bases durs d'une part et les acides et les bases mous d'autre part. Les réactions sont plus aisées entre réactifs de même dureté ou de même mollesse.
Les interactions acides durs – bases dures sont de type électrostatique, alors que celles mises en jeu entre acides mous – bases molles ont un caractère covalent.
Acides durs : les atomes accepteurs d'électrons sont petits, possèdent une charge positive élevée, et ne comportent pas de paires non partagées sur leur couche de valence. Ils sont fortement électronégatifs et faiblement polarisables.
Ce sont par exemple : Li^+, H^+, Be^{2+}.
Acides mous : les atomes accepteurs d'électrons sont de grande taille, possèdent une charge positive faible, et ne comportent des électrons non partagées sur leur couche de valence, le plus souvent p ou d. Ils sont faiblement électronégatifs et fortement polarisables.
Ce sont par exemple : $AlCl_3$, Cu^{2+}.

Bases dures : les atomes donneurs d'électrons sont fortement électronégatifs et faiblement polarisables. Ils retiennent fortement les électrons de valence et sont difficilement oxydés.
Exemple : OH^-, NH_3.

Bases molles : les atomes donneurs d'électrons sont peu électronégatifs et facilement polarisables. Ils retiennent faiblement les électrons de valence et sont facilement oxydés.
Exemple : I^-, R_3S.

F) Théorie de Lux-Flood

Dans cette théorie, l'espèce échangée est l'ion oxyde O^{2-}. Cette théorie concerne des réactions en solution ou à l'état fondu (oxydes et sels fondus).

- **Acide** : accepteur d'ions O^{2-}.
- **Base** : donneur d'ions O^{2-}.

La réaction de neutralisation consiste à combiner deux composés oxygénés pour former un sel.

$$\underset{\text{base}}{CaO} + \underset{\text{acide}}{SiO_2} \longrightarrow \underset{\text{sel}}{CaSiO_3}$$

Cette théorie concerne des corps chimiques parmi les plus courants, elle illustre les notions acide-base à la fois au sens Lewis et Brönsted-Lowry et elle s'appuie sur les connaissances de base de la liaison chimique.

Le caractère acide ou basique d'un oxyde peut-être mis en évidence grâce à son comportement dans l'eau. En effet H_2O est elle-même un oxyde et peut donc réagir soit en acide soit en base.

Les oxydes dont l'oxygène a un caractère plus attracteur que celui de l'eau peuvent capter un proton à la molécule d'eau et donc libérer des ions hydroxydes.

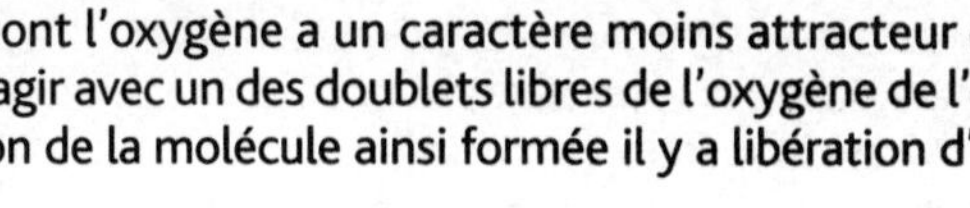

Il s'agit des oxydes des éléments les moins électronégatifs : les alcalins, les alcalino-terreux, certains métaux de transition. Ces oxydes sont ioniques (M^{n+}, nO^{2-}).

Les oxydes dont l'oxygène a un caractère moins attracteur que celui de l'eau vont réagir avec un des doublets libres de l'oxygène de l'eau. Puis par réorganisation de la molécule ainsi formée il y a libération d'un proton.

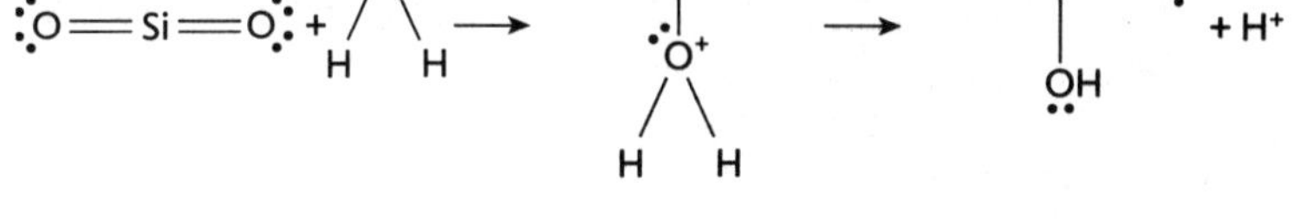

Il s'agit des oxydes des éléments les plus électronégatifs : les non métaux. Ces oxydes sont covalents.

• Les oxydes des éléments moins électronégatifs que l'hydrogène peuvent arracher un proton à l'eau et ont donc un caractère basique. Les oxydes basiques sont en général des oxydes métalliques.

• Les oxydes des éléments plus électronégatifs que l'hydrogène peuvent capter les électrons de l'oxygène de l'eau et ont donc un caractère acide. Les oxydes acides sont en général des oxydes non métalliques.
Ainsi les bases de Lux-Flood sont des anhydrides basiques et les acides de Lux-Flood sont des anhydrides acides.

D'une manière générale, quand deux oxydes réagissent l'un sur l'autre, celui dont l'oxygène a la charge la plus négative se comporte comme un donneur vis-à-vis de l'autre oxyde afin de former un complexe où l'élément le plus électronégatif (autre que l'oxygène) constitue le centre de l'anion et où l'élément le moins électronégatif constitue le cation.

2. Les oxydes amphotères

Comparons les trois oxydes suivant : CaO, SO_3, Al_2O_3.

CaO est un oxyde métallique. C'est donc un oxyde basique, mis en solution dans l'eau il conduit à une base.

$$CaO + H_2O \longrightarrow Ca(OH)_2 \rightleftarrows Ca^{2+} + 2OH^-$$

SO_3 est un oxyde non métallique, c'est donc un oxyde acide. S est un élément électronégatif. Mis en solution dans l'eau, l'oxyde conduit à un acide.

$$SO_3 + H_2O \longrightarrow H_2SO_4 \rightleftarrows 2H^+ + SO_4^{2-}$$

Al_2O_3 est un oxyde métallique. Al est plus électronégatif que Ca mais moins que S. Mis en solution dans l'eau cet oxyde se conduit soit comme une base soit comme un acide. C'est un oxyde amphotère.

$$Al_2O_3 + 3H_2O \longrightarrow 2Al(OH)_3$$

$$Al_2O_3 + 3H_2O \longrightarrow 2H_3AlO_3$$

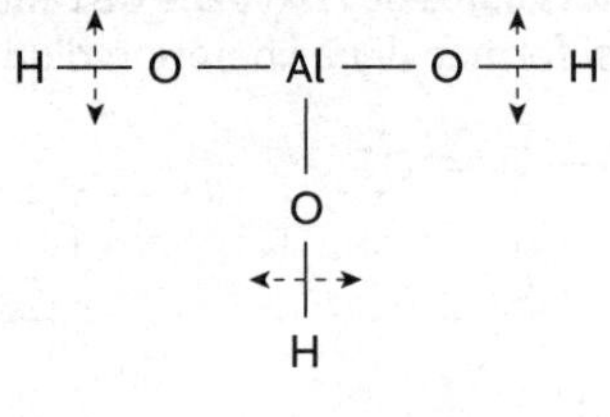

Comportement acide : donneur de protons

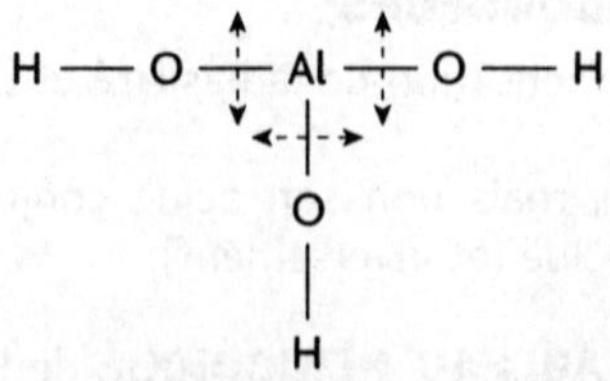

Comportement basique :
donneur d'ions hydroxydes

3. Effets électroniques et acidité / basicité

A) Les groupements électroattracteurs

Inductifs et mésomères, ils augmentent l'acidité et diminuent la basicité.

Exemple :

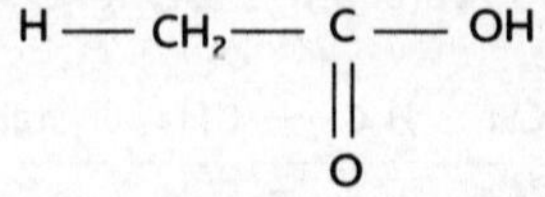

$pK_A = 4{,}76$

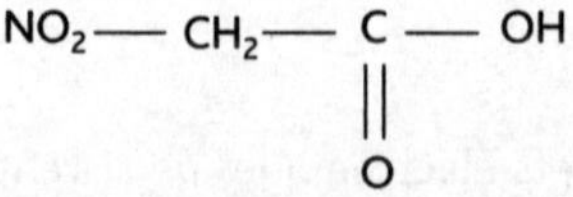

$pK_A = 1{,}68$

L'acide nitroacétique est presque 1 000 fois plus fort que l'acide acétique. En effet, l'effet inductif électroattracteur affaiblit la liaison O—H et facilite l'ionisation. L'anion qui en résulte peut délocaliser sa charge négative et sera stabilisé (stabilisation par résonance) : il aura moins tendance à se recombiner à un proton.

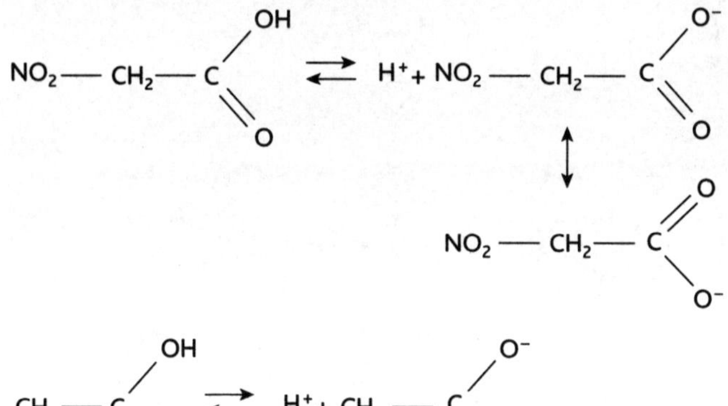

B) Les groupements électrodonneurs

Ils agissent dans le sens inverse : augmentation de la basicité et diminution de l'acidité.
La résonance qui stabilise une base, mais non son acide conjugué, confère une plus grande stabilité à l'acide (et inversement).

C) L'emplacement dans le tableau périodique

C) L'emplacement dans le tableau périodique de l'élément acide ou basique a aussi de l'influence. L'acidité augmente de gauche à droite et de haut en bas.
Dans les molécules polyatomiques l'attraction du noyau positif pour une paire d'électrons est plus faible, l'acidité diminue.

D) La présence de liaisons hydrogènes peut stabiliser l'anion base et ainsi renforcer l'acidité du composé.

E) L'hybridation des orbitales. Une orbitale s a une énergie plus basse qu'une orbitale p. Pour une orbitale hybride, le niveau d'énergie est d'autant plus bas que son caractère s est élevé.

$HC{\equiv}C^-$	$H_2C{=}\bar{C}H$	$H_3C{-}\bar{C}H_2$	stabilité →
sp	sp2	sp3	caractère s

F) Influence du milieu

En présence de solvant, les effets électroniques persistent, mais ils sont modifiés.
Une solvatation forte abaisse l'énergie de l'espèce correspondante augmentant ainsi sa stabilité.
Dans NH_4^+ les liaisons N—H sont polarisées par l'azote chargé positivement. Ce qui permet la formation de liaisons hydrogène avec l'oxygène de l'eau.

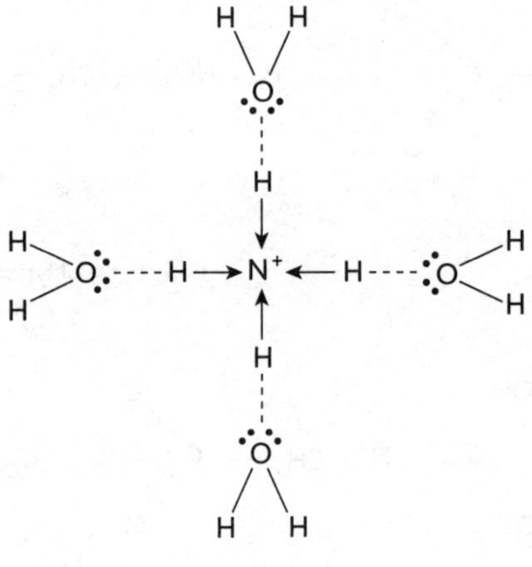

Ces liaisons sont moins fortes avec NH_3. Comme NH_4^+ est stabilisé, NH_3 attire fortement les électrons et sa basicité est élevée. Dans l'eau le pK_A du couple NH_4^+ / NH_3 est de 9,25.
Dans le méthanol, les interactions hydrogène sont encore plus fortes. L'effet +I du groupement méthyle enrichit encore la densité électronique autour de l'oxygène de ce solvant. La basicité est encore plus importante, le pK_A est de 10,8.

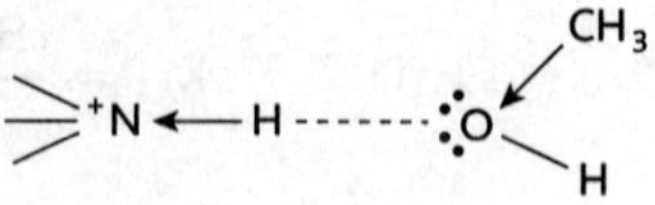

4. Les constantes d'acidité

De nombreuses réactions chimiques sont des équilibres : elles sont réversibles. Il est donc nécessaire de définir une constante d'équilibre. Cette définition est basée sur la thermodynamique. « *À une certaine température, et si les solutions ne sont pas trop concentrées, la thermodynamique enseigne qu'il existe une certaine fonction de la température qui relie les grandeurs caractéristiques de l'état thermodynamique des différentes espèces participant à l'équilibre chimique : la constante d'équilibre notée K.* »

A) Généralités sur la constante d'acidité

Elle se réfère à la réaction de solvolyse du couple acide-base (HA/A^-) :

$$HA + H_2O \rightleftharpoons A^- + H_3O^+$$

Elle est définie par :

$$\boxed{X = 10^{-pX}}$$

On l'utilise le plus souvent sous sa forme logarithmique. En chimie, c'est l'opposé du logarithme décimal qui est employé. On note pX l'opérateur qui à X fait correspondre – log X (voir la notion de pH, par exemple).

B) Notion de K_A et de pK_A

Un couple acide-base conjugué sera associé par une **constante d'acidité notée K_A** et son correspondant : pK_A

$$\boxed{K_A = \frac{(A^-) \cdot (H_3O^+)}{(AH)}}$$

$$\boxed{pK_A = -\log K_A}$$

On note donc que la notion de pH est un cas particulier inclus dans la notion de pK_A.

Pour un acide fort, la réaction de solvolyse est totale. Pour un acide très faible, la réaction de solvolyse n'est que très partielle, la constante sera très petite et donc le pK_A sera grand.

Lorsqu'un acide possède plusieurs fonctions, on mesurera une constante d'acidité pour chaque atome hydrogène échangé lors de la réaction.

$$H_2S + H_2O \rightleftarrows HS^- + H_3O^+ \qquad K_{A2} = \frac{(S^{2-}) \cdot (H_3O^+)}{HS^-}$$

$$HS^- + H_2O \rightleftarrows S^{2-} + H_3O^+ \qquad K_{A1} = \frac{(HS^-) \cdot (H_3O^+)}{H_2S}$$

$$K_{A1} > K_{A2} \text{ et donc } pK_{A1} > pK_{A2}$$

c) K_B

Il existe aussi la constante de basicité noté K_B. Elle correspond à la déprotonation du solvant par la base :

$$B + H_2O \rightleftarrows HB^+ + HO^-$$

On l'exprime comme la constante d'acidité :

$$\boxed{K_B = \frac{(HB^+) \cdot (HO^-)}{(B)}} \text{ avec } \boxed{pK_B = -\log K_B}$$

d) Produit ionique du solvant

En considérant les couples acides-bases de l'eau :

$$H_3O^+ + H_2O \rightleftarrows H_2O + H_3O^+$$

$$H_2O + H_2O \rightleftarrows OH^- + H_3O^+$$

L'acide conjugué est H_3O^+ et la base conjuguée est OH^-.

D'après la première équation on peut déduire que $K_{A1} = K_{AH30^+} = 1$ et donc $pK_{AH30^+} = 0$. En effet les réactifs et les produits de la réaction sont les mêmes.

La deuxième équation permet d'établir la deuxième constante : K_{A2}

$$K_{A2} = (OH^-) \cdot (H_3O^+)$$

C'est la constante que l'on nomme produit ionique **K_i et $pK_i = pK_{A2} - pK_{A1}$**.

C'est également la constante d'autoprotolyse de l'eau : il y a des échanges protoniques à l'intérieur du solvant sans qu'il y ait intervention d'acide ou de base.

L'eau est donc caractérisée par deux constantes d'acidité.

5. Distribution des espèces selon le pH

En considérant une solution aqueuse en système fermé d'un acide HA et de sa base conjuguée à la concentration initiale a_0.
Les concentrations sont données par les formules suivantes :

$$(HA) + (A^-) = a_0 = (A^-)\left(1 + \frac{(H_3O^+)}{K_A}\right)$$

$$\Leftrightarrow \quad (HA) = \frac{a_0}{1 + \dfrac{K_A}{(H_3O^+)}} \quad \text{et} \quad (A^-) = \frac{a_0}{1 + \dfrac{(H_3O^+)}{K_A}}$$

Les concentrations des espèces (HA) et (A^-) sont donc proportionnelles à $pH - pK_A$ et à $(H_3O^+)/K_A$. On peut ainsi représenter graphiquement les domaines de prédominance des deux espèces. Ce sont les diagrammes de distribution des espèces en fonction du pH.

Représentation des rapports $(HA)/a_0$ et $(A^-)/a_0$ en fonction du pH

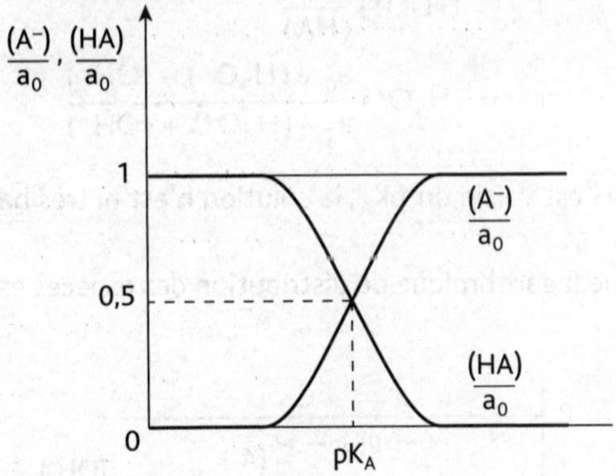

Représentation selon l'axe pH

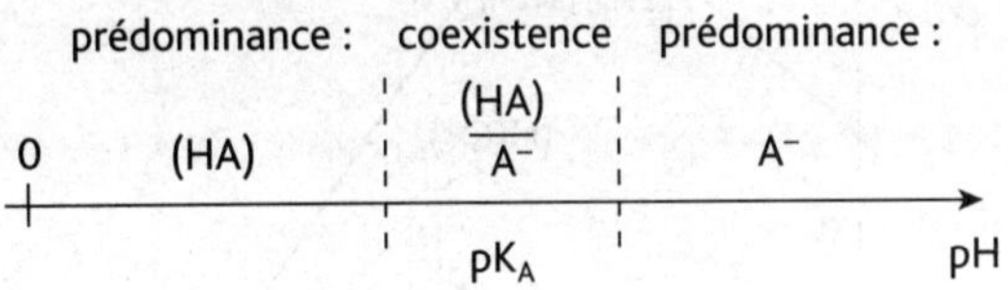

Dans les deux cas on remarque que :
- pour $pH < pK_A$ c'est l'acide qui est prédominant.
- pour $pH > pK_A$ la base est prédominante.
- lorsque le pH est proche du pK_A, les deux espèces coexistent.

Ainsi à tout moment lorsque l'on connaît le pH de la solution on peut savoir quelle est l'espèce présente en majorité.

Domaine d'Henderson :

C'est la zone où le pH est proche du pK_A, là où les deux espèces coexistent. On pose les conditions suivantes :

$(HA) = a_0$

$(A^-) = a_1$ (la base existe sous forme de sel K^+, A^-)

<u>Équation de conservation</u> :

$$(HA) + (A^-) = a_0 + a_1$$

$$(K^+) = a_1$$

<u>Équation de neutralité</u> :

$$(K^+) + (H_3O^+) = (A^-) + (OH^-)$$

<u>Équation de la constante d'équilibre</u> :

$$K_e = (H_3O^+) \cdot (OH^-)$$

avec $(HA) = a_0 - (H_3O^+) + (OH^-)$ et $(A^-) = a_1 + (H_3O^+) - (OH^-)$

<u>Constante d'acidité</u> :

$$K_A = (H_3O^+)\frac{(A^-)}{(HA)}$$

$$K_A = (H_3O^+)\frac{a_0 + (H_3O^+) - (OH^-)}{a_1 - (H_3O^+) + (OH^-)}$$

Comme le pH est voisin du pK_A, la solution n'est ni très basique ni très acide.

Le diagramme logarithmique de distribution des espèces est représenté ci-dessous.

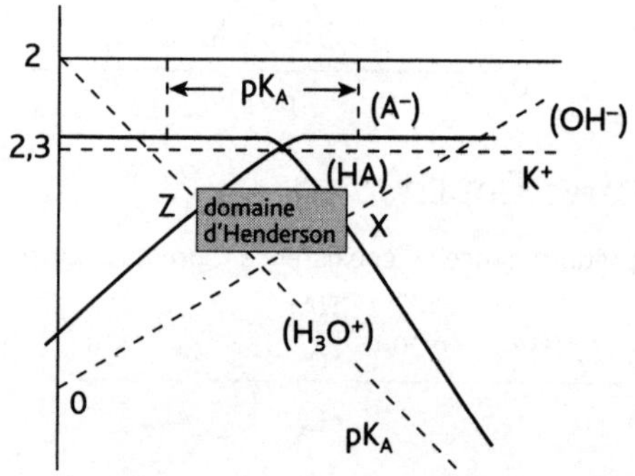

PARTIE XII

IDENTIFICATION DES COMPOSÉS CHIMIQUES

1. Analyse constitutionnelle : microanalyse

C'est l'analyse élémentaire qualitative et quantitative des éléments d'un corps pur : % de C, N, H...
La composition centésimale s'appuie sur la loi des proportions définies, ou loi de Proust, et conduit la formule de composition qui est du type $(C_XH_YO_Z)_n$. La détermination de n amène à la formule brute.

2. La spectrométrie de masse

La molécule à analyser est bombardée par un faisceau d'électrons dotés d'une haute énergie qui provoque des fragmentations du composé analysé.
La molécule M est d'abord ionisée :

$M \longrightarrow M^{\bullet+} + e^-$ $M^{\bullet+}$ ion moléculaire (ion parent)

L'ion moléculaire est ensuite fragmenté, en ions positifs, en radicaux libres, en petites molécules neutres.
Les ions positifs sont accélérés par une différence de potentiel et déviés par un champ magnétique qui modifie plus ou moins leur trajectoire selon la valeur du rapport (e/m) = (charge de l'ion/masse de l'ion).
Ils sont ensuite collectés et enregistrés.

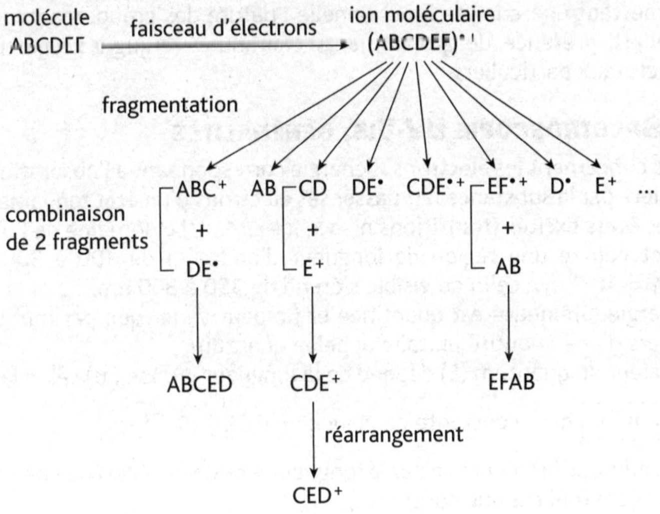

On obtient ainsi un spectre de masse.
Le pic le plus abondant est le pic le plus stable, on le nomme pic de base.
Le spectre de masse donne généralement la masse moléculaire, le pic de base correspondant très souvent au pic de la molécule.

Les fragments donnent des informations sur la structure moléculaire. Les isotopes donnent des pics différents dont l'intensité est proportionnelle à leur abondance naturelle.

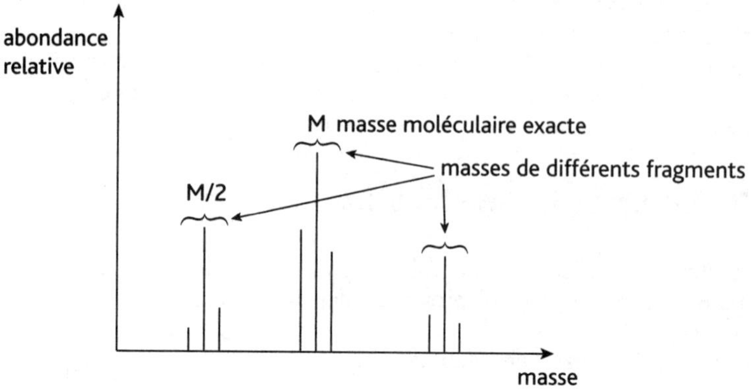

Grâce à ces différents fragments il est possible de reconstituer la molécule initiale.

3. La spectroscopie : ultra-violet, visible

Les spectrophotométries d'absorption (IR, UV-Vis) constituent un moyen très efficace d'identification des composés organiques. Elles permettent une analyse fonctionnelle : nature des groupements fonctionnels, présence de groupements chimiques conjugués, caractères structuraux particuliers.

A) Spectroscopie UV-Vis, généralités

Elles concernent les électrons : l'énergie correspondant à l'absorption de lumière par la substance fait passer ses électrons d'un état fondamantal à des états excités (transitions $n \rightarrow \pi$, $\pi \rightarrow \pi^*$...). Le domaine de l'ultraviolet couvre une région de longueur d'onde (λ) de 100 à 300 nm ($nm = 10^{-9} m$), celui du visible s'étend de 350 à 800 nm.
L'énergie lumineuse est quantifiée et ne peut varier que par multiples entiers d'une quantité unitaire appelée quantum.
La valeur du quantum (E) dépend de la longueur d'onde (υ) selon la loi :

$\boxed{E = h \cdot \upsilon}$ h = constante de Planck = $6{,}62 \cdot 10^{-34}$ J.s

Le produit de la fréquence par la longueur d'onde est égal à la vitesse de la lumière (qui est une constante).

$\boxed{\upsilon \cdot \lambda = c}$ c = célérité de la lumière = $3 \cdot 10^{8}$ m.s^{-1}

On exprime parfois l'abscisse de l'absorption par l'inverse de la longueur d'onde exprimé en cm^{-1}.

$\overline{\upsilon}\ cm^{-1} = \frac{1}{\lambda}$ $\overline{\upsilon}$ est le nombre d'ondes.

Le nombre d'ondes est proportionnel à l'énergie. Ils sont reliés par la relation de Planck :

$$\Delta E = h \cdot \upsilon = h\frac{c}{\lambda} = h \cdot c \cdot \overline{\upsilon}$$

L'énergie des molécules est quantifiée. On distingue différents niveaux : énergie de rotation, énergie de vibration, énergie électronique.

E_r : énergie de rotation. C'est l'énergie cinétique correspondant à la rotation de la molécule autour d'un axe passant par son centre de gravité. Elle est quantifiée :

Par molécule on a

$E_r = \frac{3}{2} k \cdot T$ Pour une molécule linéaire $E_r = k \cdot T$ (T en K°)

E_v : énergie de vibration. C'est l'énergie cinétique et potentielle due au mouvement de vibration. E_v est quantifiée :

Pour n atomes, il y a $(3n-6)$ degrés de liberté. Pour une molécule linéaire à n atomes on a $(3n-5)$ degrés de liberté.

E_e : énergie potentielle et cinétique des électrons.

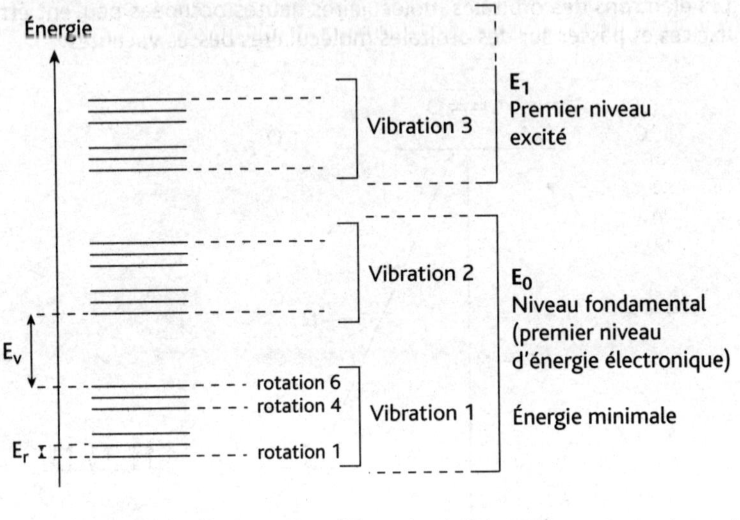

E_t : énergie de translation. C'est l'énergie cinétique due au mouvement de la molécule dans l'espace. Elle est fonction de la température. Le mouvement des molécules augmente avec la température : c'est l'agitation thermique.

Pour une molécule : $E_t = \frac{3}{2} k \cdot T \quad k = 1{,}380 \cdot 10^{-23}\ J.mol^{-1}.K^{-1}$

Pour une mole : $E_t = \frac{3}{2} R \cdot T \quad R = 8{,}314\ J.mol^{-1}.K^{-1}$

En fonction de la quantité d'énergie fournie à une molécule, on provoque le passage d'un niveau de rotation à un autre, d'un niveau vibratoire à un autre, et si l'énergie est suffisante, de l'état fondamental à un état excité.

$$\boxed{\Delta E_e > \Delta E_v > \Delta E_r}$$

L'énergie d'une molécule est donnée par la somme de toutes les énergies cinétique et potentielle :

$$\boxed{E_{totale} = E_t + E_r + E_e + E_v}$$

Une transition donnée de la molécule ne peut être provoquée que par un rayonnement de longueur d'onde précise car il existe une relation entre les niveaux d'énergie de la molécule et les longueurs d'onde d'absorption.
La spectrométrie d'absorption IR, UV-Vis est basée sur ce principe.

Le domaine des spectres UV-Vis résulte des transitions entre des niveaux d'énergie électronique : visible (800-350 nm), UV proche (350-200 nm), UV lointain (200-100 nm).
Les électrons des orbitales moléculaires hautes occupées peuvent être excités et passer sur des orbitales moléculaires basses vacantes.

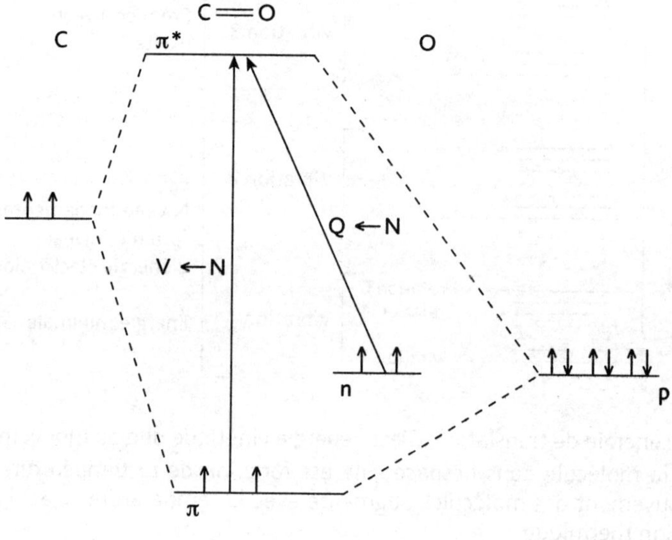

Les transitions obéissent à des règles de sélection (symétrie des orbitales, état de spin).

Les transitions possibles sont : $\sigma \rightarrow \sigma^*$ (bandes N → V)

$\pi \rightarrow \pi^*$ (bandes A, K...)

$n \rightarrow \pi^*$ (bandes N → Q)

$n \rightarrow \sigma^*$

Les intensités d'absorption correspondant au coefficient d'extinction ε sont plus fortes pour les transitions $\sigma \rightarrow \sigma^*$ et $\pi \rightarrow \pi^*$ (permises) que pour $n \rightarrow \pi^*$ et $n \rightarrow \sigma^*$ (interdites)

B) Loi de Beer-Lambert

Elle permet de calculer l'absorbance d'une substance traversée par une lumière monochromatique (lumière de longueur d'onde unique), c'est-à-dire la partie de l'énergie du faisceau qui est absorbée par la substance.

$$A = \varepsilon \cdot l \cdot C = \log \frac{I_0}{I}$$

A = absorbance

ε = coefficient d'absorption

l = longueur de la traversée en cm

C = concentration de la substance en mol/L

I_0 = intensité du faisceau incident

I = intensité du faisceau après traversée de la substance

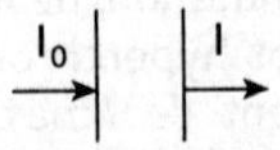

ε est une caractéristique de la substance analysée, si l'on trace la courbe représentant la variation de ε en fonction de la longueur on obtient le **spectre d'absorption** de la substance.

Les longueurs d'ondes utilisées pour ces spectres varient entre les domaines de l'infra-rouge (IR) à l'ultra-violet (UV).

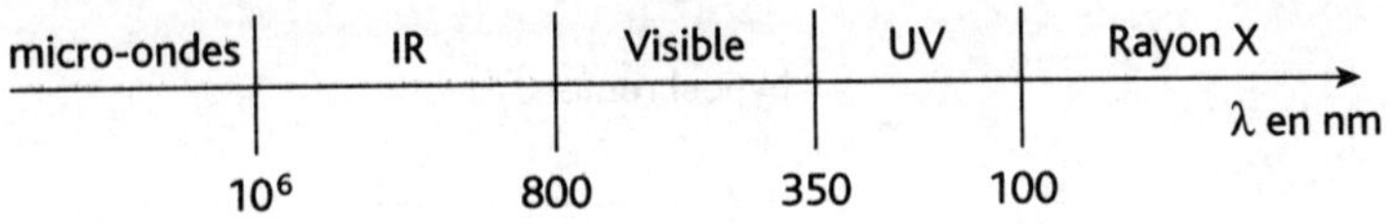

Lorsqu'un composé chimique absorbe dans une bande étroite de longueur d'onde, ce composé apparaît à l'œil sous sa couleur complémentaire correspondant au complément du spectre visible. Les groupements d'atomes qui provoquent l'absorption dans le visible et qui sont responsables des couleurs sont appelés **chromophores**. Parfois la couleur est due à un groupement unique (chromophores forts).

D'autres groupements (chromophores faibles) seuls ne suffisent pas à donner la couleur. Ainsi C═O, C═C. La couleur n'apparaît qu'avec une accumulation de chromophores faibles.

<u>Exemples de chromophores</u> :

• chromophores forts

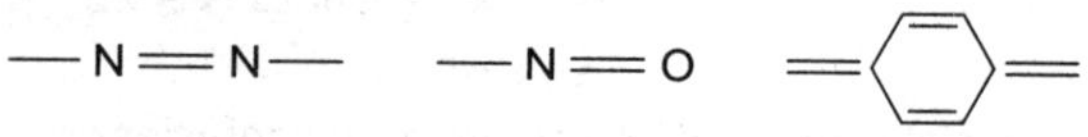

azo — nitroso — quinoïde

• chromophores faibles

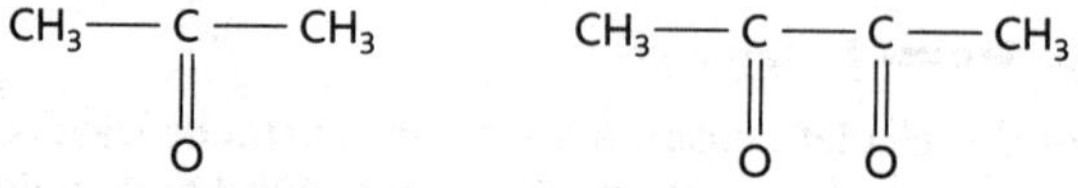

acétone : incolore — butanedione : jaune-vert

• chromophores et transitions

$\sigma \rightarrow \sigma^*$: C—H ; C—C

$n \rightarrow o^*$ C—O ; S ; halogènes : N

n $\rightarrow \pi^*$ C═O ; C═N ; C═C—O

$\pi \rightarrow \pi^*$: ═ ; ; ═O ; ═\═O ; systèmes conjugués

Certains groupements d'atomes ne donnent pas de couleur par eux-même, mais présents dans une molécule ils augmentent l'intensité d'absorption et la couleur. Ce sont **les groupements auxochromes.**

Ce sont en majorité des groupes à effet mésomère. L'absorption se trouve déplacée vers les grandes longueurs d'onde. L'augmentation du coefficient ε est appelé **effet hyperchrome**, l'effet inverse est l'**effet hypochrome**. Le déplacement de λmax vers les grandes longueurs d'onde est l'effet **bathochrome**, l'effet inverse est nommé **hypsochrome**.

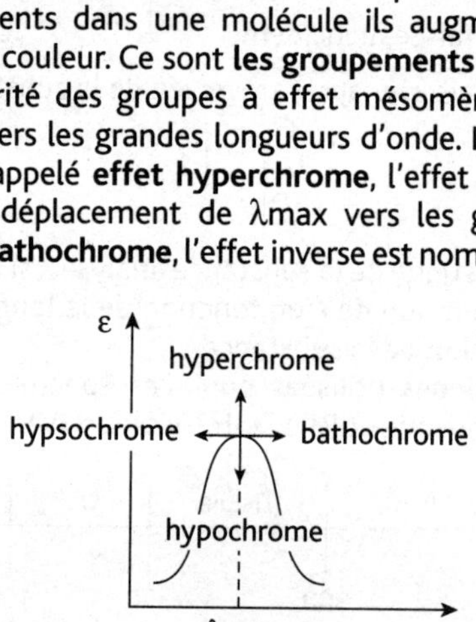

Intensité, maximum d'absorption :
Influence • du type de transition
• de l'environnement du chromophore
• du solvant

4. La spectroscopie IR

Le rayonnement IR est de plus faible fréquence. Le spectre IR donne des informations sur le mouvement des atomes et des liaisons. Il résulte des transitions entre les niveaux d'énergie vibratoire (IR proche, domaine le plus utilisé situé entre 4 000 et 6 000 cm^{-1}) et rotatoire (IR lointain : 600 à 100 cm^{-1}).

Les mouvements des molécules sont comparables à ceux d'un oscillateur harmonique (masse mobile sur un axe, rappelée vers l'origine par une force proportionnelle à sa distance par rapport au point d'origine).

Autour de la position d'équilibre s'établit un mouvement oscillant de fréquence :

$$\boxed{\upsilon = \frac{1}{2\pi c}\sqrt{\frac{k}{\mu}}} \qquad \text{avec } \mu = \frac{m1 \cdot m2}{m1 + m2}$$

On prend comme masse de l'atome une masse fictive : sa masse réduite μ.

k : constante de force de la liaison

c : vitesse de la lumière

La mesure de la constante k fournit une mesure fiable de la solidité de la liaison chimique.

Pour une molécule l'énergie de vibration est quantifiée, comme toute énergie, à l'échelle des atomes et des molécules et on peut montrer qu'à la fréquence υ de l'oscillateur correspond une énergie de vibration :

$$E\upsilon = \left(V + \frac{1}{2}\right)h \cdot \upsilon \qquad V = \text{nombre quantique de vibration} = 0, 1, \ldots$$

Aux états électroniques de l'orbitale moléculaire liante se superposent des sous-niveaux d'énergie de vibration :

Courbe de Morse :

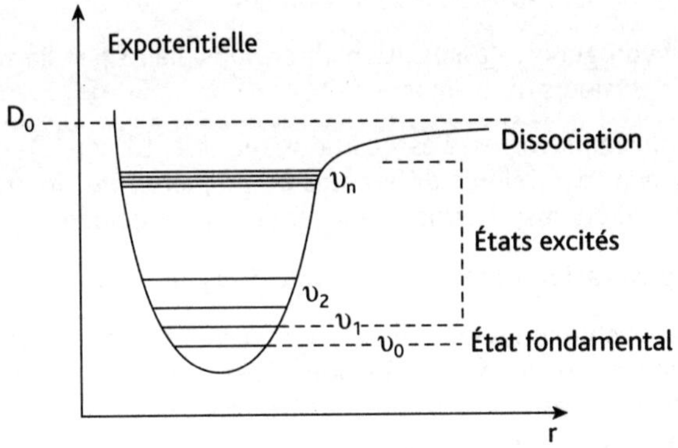

r = distance internucléaire
D_0 = énergie de dissociation
$\upsilon_0 \rightarrow \upsilon_1$ = vibration fondamentale
$\upsilon_0 \rightarrow \upsilon_2$ = vibration harmonique

On observe une bande d'absorption IR si la transition $\upsilon_0 \rightarrow \upsilon_1$ correspond au domaine IR, si l'intensité d'absorption est suffisante, si la bande n'est pas dégénérée (plusieurs transitions de même fréquence fondamentale dans une molécule très symétrique) et si un changement du moment dipolaire a lieu au cours de la vibration (interaction dipôle-champ électrique du rayonnement).

Des bandes additionnelles peuvent apparaître : harmoniques ou bandes de combinaison ($a \cdot \upsilon_1 + b \cdot \upsilon_2 = \upsilon$).

• Un spectre IR se divise approximativement en deux parties :

1. Les régions comprises entre 4 000 et 1 500 cm^{-1}. Elles sont faciles à interpréter : c'est le domaine des vibrations de valence caractéristiques des principales fonctions.

2. Les régions situées de 1 500 à 600 cm^{-1}. C'est une zone complexe appelée « zone des empreintes digitales ». Cette zone est utilisée pour effectuer des comparaisons de spectres entre le produit à analyser et les produits témoins constitués en base de données. C'est également dans cette zone que l'on va localiser les bandes caractéristiques des fonctions éthers, esters et de certains aromatiques.

La fréquence de vibration d'une liaison dépend de son environnement. Par exemple une liaison C═O absorbe dans le domaine 1 650 – 1 800 cm^{-1}. Si on a une fonction H—C═O elle absorbera vers 1 730 cm^{-1} alors que si l'on est en présence d'une fonction Cl—C═O elle absorbera vers 1800 cm^{-1}.

Liaisons hydrogène : l'association intermoléculaire par liaison H fait intervenir plusieurs molécules.

Il existe plusieurs sortes d'associations (dimère, trimère...) auxquelles correspondent des valeurs différentes de fréquence de vibration : ainsi sur le spectre on observe une bande large caractéristique.

Modes de vibration pour une molécule de type AX_2

• Les liaisons chimiques constituent autant de vibrateurs harmoniques. Les fréquences de vibration dépendent des forces des liaisons et des masses des atomes liés. Ainsi on peut trouver des tables de corrélation fréquence – groupement fonctionnel.

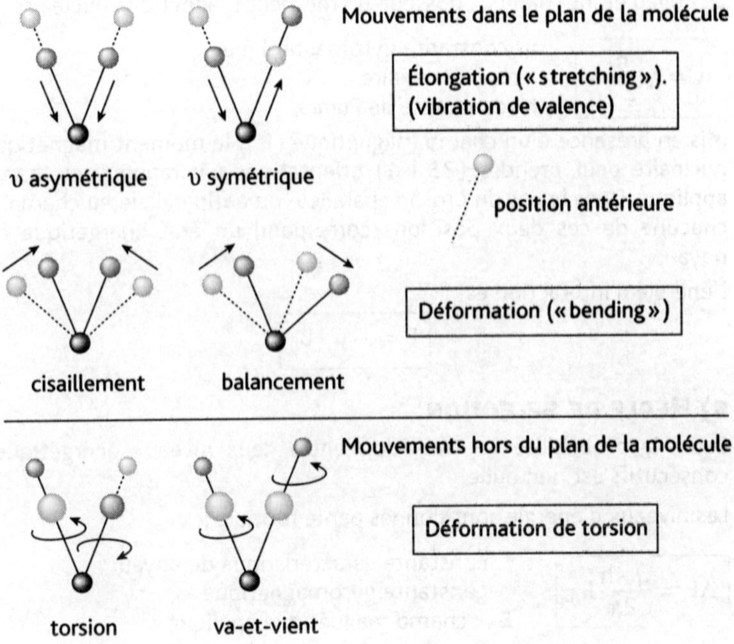

5. La résonance magnétique nucléaire : RMN

La RMN est une méthode plus récente que les autres spectrométries. Mais elle est de plus en plus utilisée, non seulement en chimie mais également en biologie, et en médecine (c'est l'IRM).

A) Généralités

Les noyaux de certains atomes possèdent un moment cinétique angulaire appelé spin nucléaire (S).

C'est le cas du proton ^{1}H, mais aussi des atomes qui ne comportent pas simultanément un nombre pair de protons et de neutrons.

atome	$^{1}_{1}H$	$^{16}_{8}O$	$^{12}_{6}C$	$^{13}_{6}C$	$^{14}_{7}N$
S	$\frac{1}{2}$	0	0	$\frac{1}{2}$	1

Le noyau étant chargé, il possède un moment magnétique nucléaire :

$$\mu = \gamma \frac{h}{2\pi} S$$

γ : constante gyromagnétique
S : spin nucléaire
h : constante de Planck

Mis en présence d'un champ magnétique (B_0) le moment magnétique nucléaire peut prendre (2S + 1) orientations par rapport au champ appliqué. Dans le cas du proton : parallèle ou antiparallèle au champ. À chacune de ces deux positions correspond un état énergétique du noyau.

L'énergie d'interaction est :

$$E = -\mu \cdot B_0$$

B) Règle de sélection

Seule la probabilité de transition entre deux niveaux énergétiques consécutifs est non nulle.

Les niveaux d'énergie sont donnés par la formule :

$$\Delta E = \frac{\gamma \cdot h}{2\pi} B_0$$

γ : constante caractéristique du noyau
constante gyromagnétique
B_0 : champ magnétique appliqué

$$\Delta E = \frac{\mu}{S} B_0$$

Cas du proton :

Pour ^1H on a : $\Delta E = \dfrac{\mu}{\frac{1}{2}} B_0 = 2\mu B_0$

Il y a donc deux états possibles :

$\alpha : E = -\mu \cdot B_0 \quad \beta : E = \mu \cdot B_0$

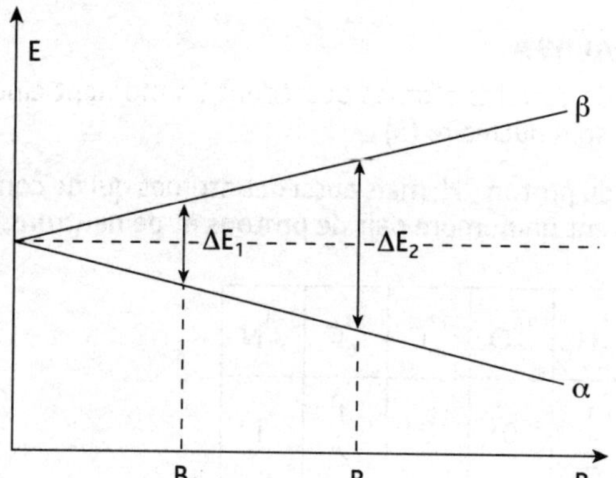

c) RÉSONANCE NUCLÉAIRE

Pour passer d'un état énergétique à un autre (changement d'état de spin) les noyaux doivent absorber l'énergie correspondante telle que :

$$\Delta E = h \cdot \upsilon_0 = \frac{\gamma \cdot h}{2\pi} B_0$$

D'où $\boxed{\upsilon_0 = \frac{\gamma}{2\pi} B_0}$ υ_0 est la radiofréquence.

Conditions de résonance

L'énergie $h \cdot \upsilon_0$ est fournie par un rayonnement électromagnétique dont la composante magnétique B_1 tourne dans un plan perpendiculaire à B_0 avec une fréquence égale à la radiofréquence υ_0.

Le noyau de l'atome peut être considéré comme un gyroscope aimanté de moment cinétique angulaire χ et de moment magnétique angulaire μ.

$$\boxed{\chi = \frac{h}{2\pi} S} \qquad \boxed{\mu = \gamma \frac{h}{2\pi} S.}$$

Le noyau placé dans B_0 effectue un mouvement de précession de fréquence υ_0 telle que :

$$\boxed{\begin{aligned} 2\pi \cdot \upsilon_0 &= \gamma \cdot B_0 \\ \gamma &= \frac{\mu}{\chi} \end{aligned}}$$

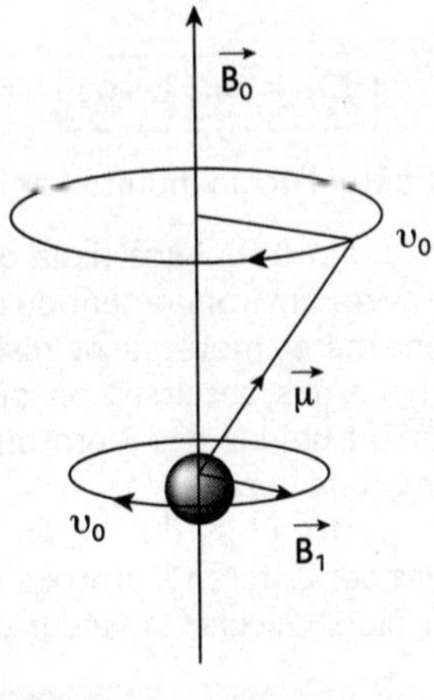

Les différents états d'énergie sont différemment peuplés. Le niveau le plus peuplé est celui de plus basse énergie : le niveau fondamental, puis les états de plus haute énergie sont de moins en moins peuplés.

Il existe donc une différence de population entre les niveaux.

Le champ électromagnétique induit une perturbation des populations : il y a répartition sur des niveaux énergétiques plus élevés.

L'égalité des populations (saturation) est facilement atteinte sous l'influence du champ magnétique. Lorsque le champ est coupé, la distribution initiale des populations à des niveaux inférieurs tend à se rétablir, c'est le phénomène de **relaxation**. La relaxation est effectuée par dissipation d'énergie.

En pratique : on maintient fixe une radio-fréquence (grâce à un oscillateur radio-fréquence) et on cherche la résonance en faisant varier B_0 (par utilisation d'un électroaimant à champ fixe supplémenté d'une bobine mobile fournissant un champ de balayage qui va induire une orientation des spins nucléaires).
L'absorption d'énergie est mesurée grâce à un détecteur radio-fréquence.

D) Les déplacements chimiques (δ)

L'action conjuguée d'un champ magnétique intense et d'une radio-fréquence sur le proton (par exemple) permet d'obtenir un pic d'absorption unique. La surface du pic est mesurée par un intégrateur et elle est proportionnelle au nombre de protons qu'il représente.
Les électrons de l'entourage du proton circulent sous l'effet du champ appliqué et créent ainsi un petit champ (écran magnétique autour du noyau) qui se superpose au champ magnétique intense. B_0 et υ_0 sont donc affectés. Ainsi la fréquence de résonance υ_0 ne dépend pas seulement de γ et B_0, mais aussi, à un degré plus faible, de l'environnement du noyau.
Ainsi on peut calculer le champ magnétique effectif B_{eff}.

$$\boxed{B_{eff} = B_0(1-\sigma)} \Rightarrow \boxed{\upsilon_{eff} = \frac{\gamma}{2\pi} B_0(1-\sigma)}$$

σ : constante d'écran induite par les électrons.

Pour une radio-fréquence fixée on obtiendra un champ de résonance variable avec l'environnement du proton. Ceci explique que tous les protons d'une même molécule ne résonnent pas tous à la même fréquence.
Sur l'échelle des abscisses on prend une référence, c'est souvent le déplacement unique des 3 protons du tétraméthylsilane (TMS) : ce pic unique marque le zéro.
Pour un spectre RMN du ^1H, en abscisse on trouve les déplacements chimiques des différents protons de la molécule analysée.
On peut alors calculer la valeur du déplacement chimique $\boldsymbol{\delta_i}$ pour le noyau **i** :

$$\boxed{\delta_i\,(\text{ppm}) = \sigma_{ref} - \sigma_i = \frac{\upsilon_i - \upsilon_0}{\upsilon_0}}$$

δ_i ne dépend pas de l'appareil, il est sans dimension et donné en **ppm** (parties par million).

δ_i est caractéristique du noyau. Il est affecté par l'environnement de celui-ci : effets inductifs et mésomères, état d'hybridation, anisotropie diamagnétique des groupements, solvant, liaisons hydrogène, contact avec certains réactifs...

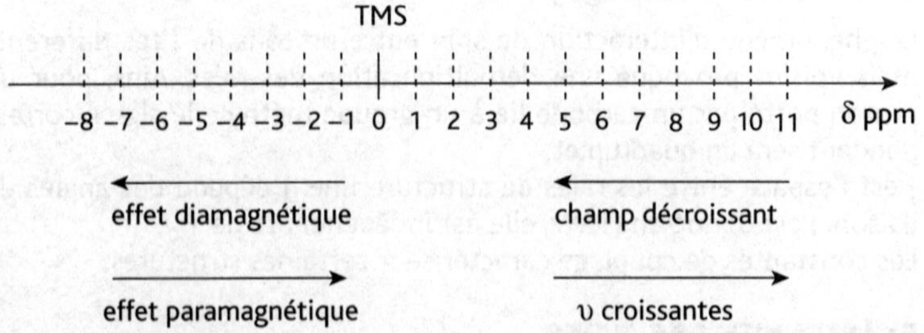

La RMN prise en exemple par la suite est la RMN du proton, qui est une des plus utilisées. Mais les données s'appliquent aussi aux autres noyaux.

E) Le couplage spin-spin

Les spins nucléaires interagissent par l'intermédiaire des spins des électrons de liaison : le champ magnétique subi par un noyau dépend aussi de l'orientation des noyaux voisins. Ce phénomène de couplage est à l'origine de la multiplicité des raies de résonance.

Le nombre de pics dans la structure fine dépend du nombre de façons dont les spins nucléaires qui interagissent peuvent s'organiser pour donner le même moment magnétique.

<u>Exemple</u> :

$Br—CH_2—CH_3$

CH_3 subit l'influence de CH_2 et réciproquement. Les arrangements sont représentés par les flèches.
Chiffres entre parenthèses = intensités relatives au sein du multiplet.

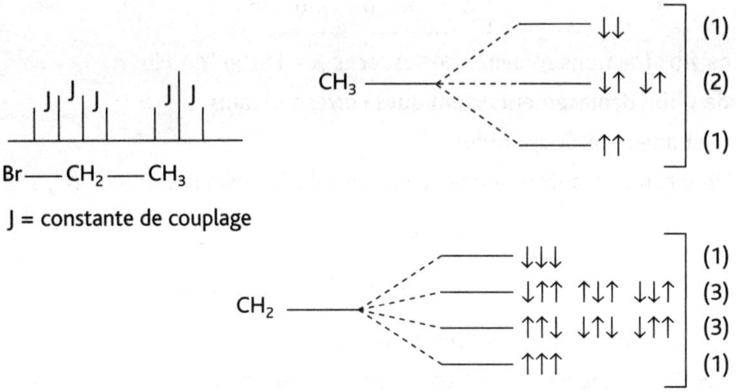

La constante de couplage J

Le phénomène d'interaction de spin entre protons de sites différents mais voisins provoque une démultiplication des raies. Ainsi pour un proton porté par un carbone lié à un groupe méthyle le signal correspondant sera un quadruplet.
J est l'espace entre les raies de structure fine. J dépend des angles de liaison. J est donné en Hertz, elle est indépendante de B_0.
Les constantes de couplage caractérisent certaines structures.

F) Intensité des raies

Grâce à l'intégrateur, les surfaces des pics (raies) sont proportionnelles au nombre de protons équivalents qui donnent ces pics.

Pour les multiplets (couplages) possédant p pics et correspondant à des protons équivalents couplés, les surfaces relatives sont données par les coefficients du binôme $(\mathbf{x+1})^m$ avec $\mathbf{m = p - 1}$.

p = 3 ⟶ 1 : 2 : 1
p = 4 ⟶ 1 : 3 : 3 :1
p = 5 ⟶ 1 : 4 : 6 : 4 : 1
etc.

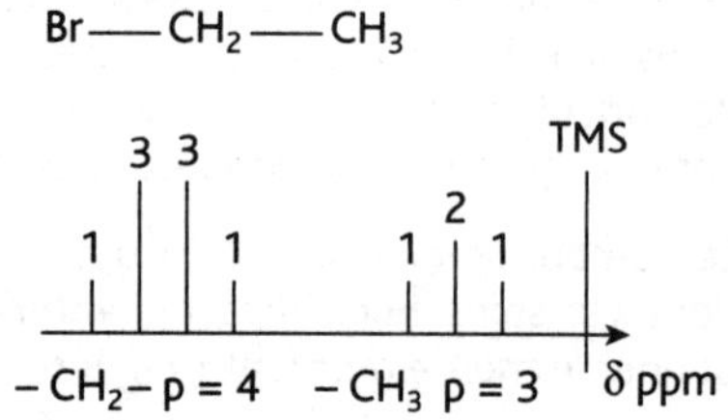

G) Phénomènes dépendant du temps

• échanges chimiques :

Si l'échange est rapide par rapport à l'échelle du temps RMN, on n'observe pas de couplage mais on observe un déplacement chimique moyen.

$$\delta = na \cdot \delta a + nb \cdot \delta b$$

na, nb : fractions molaires des espèces X – Ha et Y – Hb

δa , δb : déplacements chimiques correspondants

• échange stéréochimique :

Libre rotation autour d'une liaison simple, inversion atomique (N, S...)

$$\delta obs = \Sigma pi \cdot \delta i$$
$$Jobs = \Sigma pi \cdot Ji$$

pi = population des stéréoisomères

di, Ji = déplacements et couplages correspondants

• **équivalence chimique, équivalence magnétique :**

• Des noyaux sont chimiquement équivalents quand non seulement il subissent le même blindage mais encore si l'ensemble des constantes de couplage avec tous les autres noyaux est identique pour chaque nombre du groupe. Ils sont dit équivalents.

• On n'observe pas de couplage entre noyaux équivalents d'un même groupe. Seul le couplage entre noyaux de groupes différents est observé.

• On observe le couplage entre des noyaux équivalents chimiquement, mais non équivalents magnétiquement.

<u>Exemples</u> :

CH_3 —— Br — Groupes de protons équivalents

CH_3 —— CH_2 —— Br — 2 groupes de noyaux équivalents
On observe δCH_2, δCH_3, J vicinal

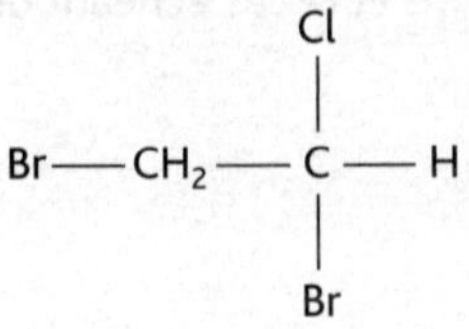

Les protons de CH_2 ne sont pas équivalents. À chaque instants ils résident dans des environnements différents.

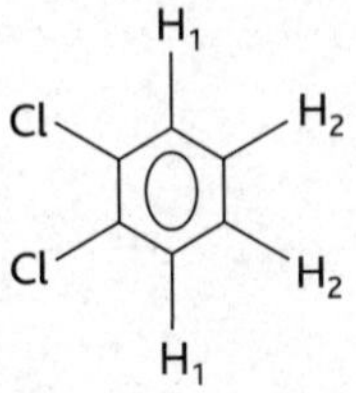

2 groupes de noyaux chimiquement équivalents mais magnétiquement non équivalents (J ortho ≠ J méta ≠ J para)

Remarque : X —— CH_2 —— Y

• Si X et Y sont des groupes achiraux les protons CH_2 sont équivalents : ils résident dans des environnements énantiomères, ils sont énantiotopes.

• Si X est un groupe chiral les CH_2 ne sont pas équivalents, ils résident dans des environnements diastéréoisomères, ils sont diastéréotopes. C'est le cas pour Br —— CH_2 —— CH_3.

H) Analyse des spectres

• Si les protons sont séparés par une grande différence de déplacement chimique ($\Delta\delta/J > 6$ à 10) les spectres sont faciles à interpréter : ce sont des *spectres du premier ordre.*

• Si $\Delta\delta/J < 6$ les systèmes de pics sont plus complexes (apparition de pics supplémentaires...) c'est un *spectre du second ordre.*

• **Nomenclature :**

– Protons séparés par $\Delta\delta > 6$ J notés : A, M, X

exemple : Br —— CH_2 —— CH_3 : A_2X_3

– Protons pour lesquels $\Delta\delta < 6$ J notés : A, B, C, ...

exemples : Br —— CH_2 —— CHClBr : ABX

Ph —— CH = CH —— COOH : AB (proton éthylénique).

– Lorsque les protons sont équivalents chimiquement mais non magnétiquement on ajoute des « prime ». Ex : AA'BB', AA'XX', ...

Les systèmes A_mX_n et AMX_n sont les seuls facilement analysables.

L'examen des déplacements chimiques des groupes de signaux et les intensités correspondantes (courbe, intégrale) permet dans un premier temps de trouver une corrélation avec les différents groupes de protons de la molécule.
Dans un deuxième temps, l'étude de la multiplicité des pics due aux couplages permet de dénombrer les noyaux voisins et le cas échéant de déterminer la stéréochimie.

PARTIE XIII

LA NOMENCLATURE EN CHIMIE ORGANIQUE

LES HYDROCARBURES

La chimie organique est la partie de la chimie qui traite des composés du carbone : c'est la chimie des systèmes vivants. Cette discipline constitue la base nécessaire pour la compréhension d'autres disciplines du vivant telles que la biochimie, l'enzymologie et la médecine.
Il faut assimiler dans l'ordre 2 parties : la première qui traite des structures et de la nomenclature des molécules organiques, la seconde étudie les réactions auxquelles ces structures donnent lieu.
Il est fondamental de suivre cette division car une fois maîtrisés les concepts relatifs aux structures, et tout particulièrement la distribution électronique, il devient très facile de comprendre le comportement chimique des molécules.

Par structure, nous entendons la géométrie tridimensionnelle des molécules, la façon dont les atomes sont mis ensemble ainsi que la distribution électronique de ces molécules.

Les réactions chimiques auxquelles les molécules donnent lieu sont prévisibles pour une bonne part, ou sont pour le moins compréhensibles une fois que les structures électroniques ont été assimilées : des réactifs porteurs d'une charge positive ont tendance à attaquer une molécule au point de densité électronique élevée, tandis que des réactifs porteurs d'une charge négative ont tendance à attaquer une molécule à un point où la densité électronique est faible.

La transformation d'un composé en un autre est en partie une question de thermodynamique – c'est-à-dire la possibilité pour un système en évolution d'atteindre un état plus stable – et en partie question de cinétique – c'est-à-dire la vitesse à laquelle le processus a lieu.

La nomenclature systématique est constituée par l'ensemble des règles mises au point par l'UICPA. Les seules développées ici concerneront les hydrocarbures, les principales fonctions simples et quelques cas de composés polyfonctionnels.
Toutefois, la nomenclature présente un grand nombre d'exceptions : certains composés gardent des noms « triviaux » ou « consacrés par l'usage ».

1. Notions de vocabulaire

A) Les différents types de noms

• **Le nom fondamental** : c'est le nom à partir duquel d'autres noms sont dérivés.

• **Le nom systématique** : c'est le nom obtenu à partir de nom fondamental et formé de syllabes de signification structurale précise ; il peut éventuellement comporter des indices.

• **Le nom trivial** : c'est le nom d'usage courant.

B) Les différentes parties d'une molécule

• **La chaîne principale** définit l'enchaînement de base qui est toujours associé à un nombre d'atomes de carbone bien défini. Les noms dérivés de cette chaîne principale proviennent de l'addition d'un (ou de plusieurs) préfixe(s) et/ou d'un suffixe.

• **Les substituants** : Ce sont les atomes ou groupe d'atomes qui remplacent l'hydrogène dans un composé fondamental. Ils sont mentionnés en préfixe.

• **Le groupe caractéristique** : Il correspond à un atome ou un groupe d'atomes introduit dans la chaîne principale autrement que par une liaison carbone —— carbone. Il est généralement indiqué par un suffixe.

Le terme « hétéroatome » est employé pour désigner dans un composé organique tout atome autre que le carbone ou l'hydrogène.

• **La classe fonctionnelle** définit la notion de fonction : chaque fonction comporte un groupe caractéristique particulier.

• **Le groupe principal** : C'est le groupe caractéristique qui est choisi pour être désigné par un suffixe dans un composé polyfonctionnel. Les autres fonctions sont alors nommées comme substituants et désignées par des préfixes (les halogènes sont toujours préfixe). S'il y a plusieurs groupes fonctionnels un seul est groupe principal (groupe prioritaire).
Il existe un ordre de priorité des fonctions.

C) Les termes multiplicatifs

Un substituant ou un groupe caractéristique présent plusieurs fois sur une chaîne principale est précédé d'un terme multiplicatif (di, tri, tétra, penta, ...).

D) Les indices de position

Ils précisent la position sur la chaîne principale, sont placés immédiatement devant le(s) substituant(s) ou le groupe caractéristique auxquels ils se rapportent et sont reliés par des tirets placés de part et d'autre (sauf l'indice en tête du nom qui ne possède qu'un tiret).
Un même substituant ou groupe caractéristique présent plusieurs fois est nommé en indiquant successivement :

– les numéros des carbones de la chaîne principale le portant par des indices successifs séparés par des virgules ;

– un tiret après le dernier indice suivi du terme multiplicatif adéquat.

Chaque fois qu'on utilise un terme multiplicatif devant un groupe, on doit trouver devant ce dernier un nombre identique d'indices. Pour cela, en plus de la numérotation à l'aide des chiffres arabes, il est aussi utilisé :

– les lettres grecques : Ces indices sont surtout employés pour indiquer les positions relatives de deux groupes. Le carbone α n'est pas celui qui porte la fonction principale, mais celui qui lui est directement lié ;

– les indices indexés. Ils sont utilisés surtout en nomenclature pour indiquer les positions des substituants sur les deux chaînes liées à la fonction.

2. Les différents types de nomenclature

A) Nomenclature systématique

Nomenclature qui utilise des syllabes de signification structurale précise qui, accolées les une aux autres (avec souvent des indices de position), donnent le nom systématique. Les différentes syllabes caractérisent les groupes, indiqués en préfixe ou en suffixe, remplaçant des hydrogènes sur la chaîne principale.

B) Nomenclature radicofonctionnelle

Au lieu de désigner le groupe principal par un suffixe, on indique le nom de la classe fonctionnelle par un mot et le reste de la molécule par un autre terme.

Exemple : alcool éthylique au lieu de éthanol.

C) Nomenclature par assemblage

Cette nomenclature peut être utilisée essentiellement :

– pour nommer une unité structurale présente plusieurs fois dans une même molécule ;

– pour nommer un groupe assez complexe.

D) Nomenclature additive ou soustractive

Pour certaines molécules, généralement cycliques, il est plus compréhensible de conserver le nom de base précédé d'un préfixe d'addition (ex : dihydro) ou de soustraction (ex : déhydro) de molécules ou d'atomes.

E) Nomenclature par remplacement

C'est une nomenclature dans laquelle la chaîne est considérée comme étant celle d'un hydrocarbure dans lequel quelques groupes – CH_2 – ont été remplacés par des hétéroatomes. Elle est d'un usage courant en série hétérocyclique.

3. Les alcanes. C_nH_{2n+2}

A) Les alcanes linéaires

Les quatre premiers hydrocarbures conservent les noms consacrés par l'usage : méthane, éthane, propane et butane.

Les noms des alcanes supérieurs se composent :

– d'un préfixe numérique qui indique le nombre d'atomes de carbone (numérotation grecque),

– du suffixe *-ane* (terminaison qui précise la saturation).

Les alcanes : C_nH_{2n+2}	
n Nom	
=	
1 méthane	6 hexane
2 éthane	7 heptane
3 propane	8 octane
4 butane	9 nonane
5 pentane	10 décane

– Quand un radical dérive d'un hydrocarbure saturé par enlèvement d'un hydrogène, son nom s'obtient en remplaçant la terminaison ***-ane*** de l'hydrocarbure par ***-yle***. Ces groupes sont appelés **alkyles**.

B) Les alcanes ramifiés simples

• Il faut déterminer quelle est la plus longue chaîne linéaire présente dans la formule : c'est la chaîne principale.

• Le substituant, ou chaîne latérale, non pris en compte par la chaîne principale est un groupe alkyle, il est nommé comme préfixe (avec élision de la voyelle e).

• La plus longue chaîne est numérotée d'un bout à l'autre en chiffres arabes dans la direction telle que le carbone portant le groupe alkyle (ramification) ait le numéro (ou indice de position) le plus faible possible.

C) Les alcanes ramifiés complexes

• Le sens de numérotation de la chaîne linéaire la plus longue est choisi de sorte que l'ensemble des indices soit le plus bas possible.

• Si les groupes alkyles sont tous différents, ils sont énoncés soit dans l'ordre de complexité croissante, soit dans l'ordre alphabétique.

• Lorsque les indices des groupes alkyles sont les mêmes dans les deux sens de numérotation le premier nommé recevra l'indice le plus faible.

• La présence de plusieurs groupes alkyles identiques non substitués est indiquée par les préfixes multiplicatifs di, tri, tétra, penta, ... (ces termes multiplicatifs n'interviennent pas dans l'ordre alphabétique).

• Les groupes alkyles univalents ramifiés des alcanes sont appelés groupes complexes, ce sont des groupes alkyles portant eux-mêmes des groupes alkyles plus petits.

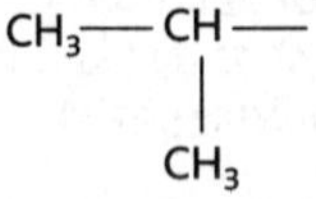

isopropyle

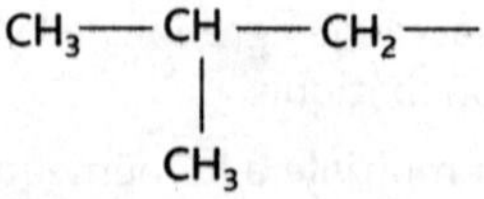

isobutyle

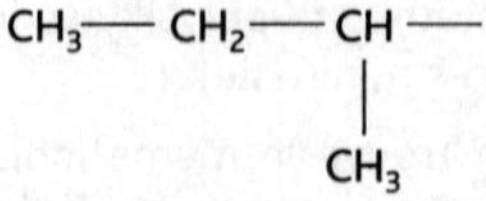

sec-butyle

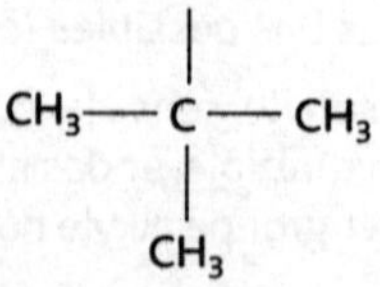

ter-butyle

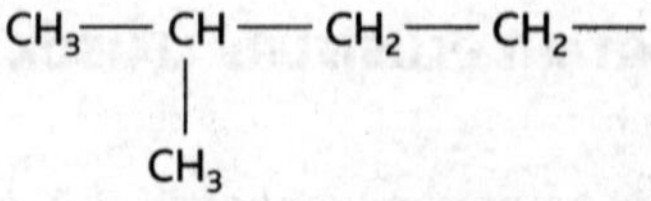

isopentyle

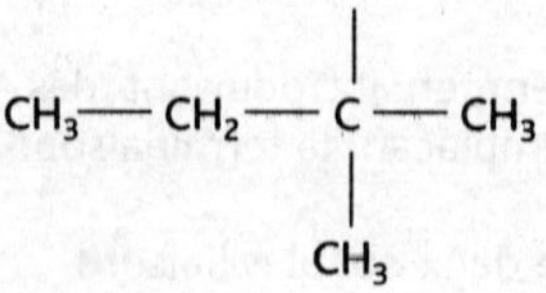

ter-pentyle

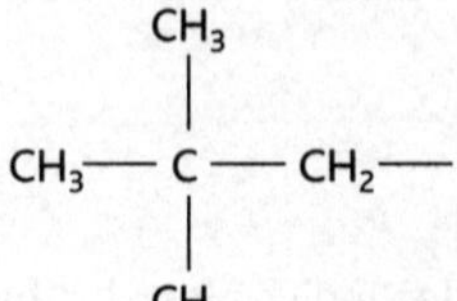

néopentyle

4. Les alcènes : C_nH_{2n} et les alcynes C_nH_{2n-2}

Leur nom est formé en remplaçant dans le nom de l'alcane correspondant la terminaison *-ane* par *-ène* (cas de la double liaison) et *-yne* (cas d'une triple liaison).
La position de la double liaison est mentionnée par un seul indice, celui du premier atome de carbone doublement lié rencontré dans le sens de la numérotation de la chaîne. La chaîne est numérotée de manière à attribuer à cette double liaison l'indice le plus bas possible.
Dans le cas de l'alcyne, la triple liaison aura elle aussi l'indice le plus bas possible.

A) Le nom d'un hydrocarbure insaturé acyclique ramifié

On le forme de la façon suivante :
• Il faut choisir comme chaîne principale la plus longue chaîne contenant la liaison multiple. Cette dernière sera affectée de l'indice le plus bas possible.

• Les liaisons multiples, précisées en suffixe par rapport au nom de la chaîne principale, sont prioritaires pour déterminer le sens de la numérotation vis-à-vis des groupes alkyles, indiquées en préfixes et classés par ordre alphabétique.

• Si la liaison multiple a le même indice quel que soit le sens de numérotation de la chaîne principale, on attribuera aux groupes alkyles les indices les plus bas possibles (somme des indices minimale).

• Si quelque soit le sens de numérotation, on trouve le même indice pour la liaison multiple, et des indices identiques pour les groupes alkyles, alors le premier groupe alkyle nommé sera affecté de l'indice le plus faible.

B) Les hydrocarbures comportant plusieurs liaisons mutiples

Le nom s'obtient en introduisant des termes multiplicatifs (di, tri, tétra...) et en remplaçant la terminaison *-ane* de l'alcane correspondant par :
– ***adiène*** s'il y a deux doubles liaisons
– ***atriène*** s'il y a trois doubles liaisons
– ***adiyne*** s'il y a deux triples liaisons...

La chaîne est numérotée de manière à donner les indices les plus bas possibles aux liaisons multiples.

Le nom d'un hydrocarbure insaturé acyclique linéaire comportant simultanément des doubles et des triples liaisons est obtenu en remplaçant la terminaison ***-ane*** de l'alcane correspondant par :
– ***énymе*** : s'il y a une double liaison et une triple liaison
– ***adiényne*** : s'il y a deux doubles liaisons et une triple liaison
– ***adiènetriyne*** : s'il y a deux doubles liaisons et trois triples liaisons.

Les plus bas indices possibles sont donnés à l'ensemble des liaisons multiples.
S'il subsiste une possibilité de choix du sens de numérotation de la chaîne, on donne aux doubles liaisons les indices les plus bas possibles.

Pour l'attribution d'indices aux groupes alkyles : quand il y a choix, le premier nommé reçoit l'indice le plus faible.

Un hydrocarbure insaturé acyclique ramifié est considéré comme dérivant de l'hydrocarbure linéaire qui comporte le plus de liaisons multiples.

S'il subsiste des choix, il faut envisager successivement les cas suivants jusqu'à ce qu'une différence intervienne :
– on prend la chaîne la plus longue (comportant le maximum de liaisons multiples) ;
– on prend comme chaîne principale celle qui contient le plus de doubles liaisons.

c) Groupes comportant des doubles ou des triples liaisons

Les noms des groupes univalents dérivés des hydrocarbures insaturés aliphatiques se déduisent des noms de ces derniers en ajoutant le suffixe *-yle* (avec élision du e de *-ène* ou *-yne*) :
alcène → alcènyle
alcyne → alcynyle
alcadiène → alcadiényle

La position des liaisons multiples est indiquée à partir de l'atome de carbone qui possède la valence libre et qui porte le numéro 1.

$CH \equiv C—$ → Ethynyle

$CH_3—CH=CH—$ → Prop-1-ényle

$CH_2=CH—CH=CH—$ → Buta-1,3-diényle

Exceptions : les noms suivants sont conservés :

– Vinyle → $CH_2=CH—$

– Allyle → $CH_2=CH—CH_2—$

5. Les hydrocarbures cycliques non aromatiques

Le nom d'un hydrocarbure saturé ou insaturé monocyclique sans chaîne latérale se forme en accolant le préfixe *cyclo-* au nom de l'hydrocarbure saturé ou insaturé acyclique non ramifié correspondant.

Remarques :

• On dessine généralement les hydrocarbures monocycliques sans indiquer les carbones ni les hydrogènes. Chaque angle comporte donc un carbone et :
– deux hydrogènes si le carbone est sp^3
– un hydrogène si le carbone est sp^2
– pas d'hydrogène si le carbone est sp.

• Lorsqu'un hydrocarbure monocyclique comporte une seule insaturation, l'indice 1 peut être omis.

Le nom d'un hydrocarbure saturé ou insaturé monocyclique substitué se forme de la manière suivante :

• S'il est saturé et comporte un seul substituant : en faisant précéder le mot cycloalcane du nom du groupe qui lui est substitué, l'indice 1 est inutile.

• S'il comporte un(des) groupe(s) et une(des) insaturation(s) : les indices sont mentionnés en respectant les règles des hydrocarbures acycliques ramifiés saturés et insaturés.
Les noms des groupes univalents dérivés des hydrocarbures monocycliques ramifiés ou non, saturés ou insaturés seront : cycloalkyle, cycloalcényle, cycloalcadiényle et l'atome de carbone possédant la valence libre porte le numéro 1.

6. Les hydrocarbures aromatiques

Le nom générique des hydrocarbures aromatiques monocycliques ou polycycliques est ***arènes***. L'hydrocarbure le plus simple est le benzène :

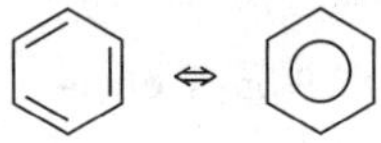

Pour les hydrocarbures aromatiques monocycliques substitués, certains noms triviaux sont conservés, par exemple :

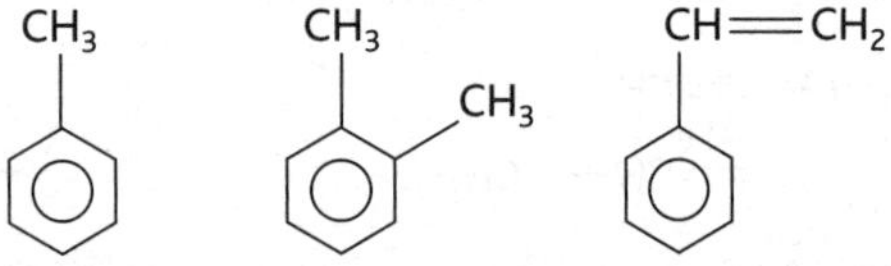

Toluène Xylène Styrène

Les autres hydrocarbures aromatiques monocycliques substitués sont nommés comme des dérivés du benzène, mais la position des groupes n'est pas indiquée quand il s'agit d'un composé monosubstitué.
Par contre, elle est indiquée, dans le cas des composés polysubstitués, par des indices numériques aussi petits que possible.
Elle peut aussi être indiquée, par ***o***- (ortho), ***m***- (méta), ***p***- (para) à la place de 1,2 ; 1,3 et 1,4 respectivement.

Les différentes positions des groupes sur les benzènes substitués.
Le groupe R est pris comme référence et est placé sur le carbone 1 du cycle aromatique.

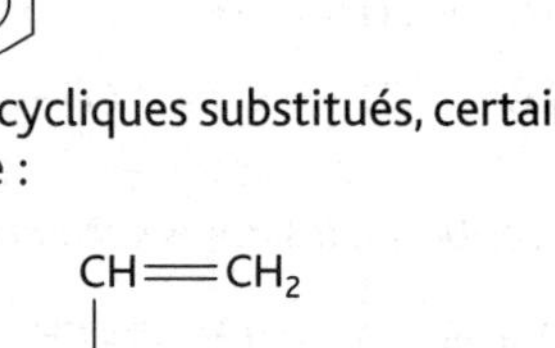

Les groupes univalents dérivés d'hydrocarbures aromatiques monocycliques et possédant la valence libre sur un atome du cycle sont des ARYLES ; le carbone portant la valence libre reçoit le numéro 1.
Quelques groupes ont des noms particuliers :

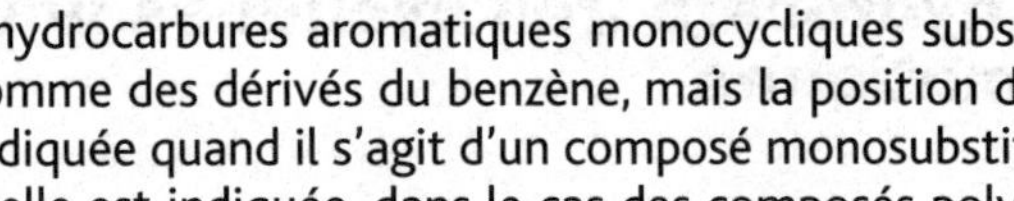

Phényle Tolyle 2-Vinylphényle

Les autres groupes sont considérés comme des groupes phényles substitués.

– Les groupes univalents dérivés d'hydrocarbures aromatiques monocycliques et possédant la valence libre sur la chaîne latérale sont des phénylalkyles.

Les hydrocarbures contenant des systèmes cycliques et des chaînes aliphatiques sont nommés de manière à donner le nom le plus simple. Généralement un hydrocarbure sera considéré comme dérivant d'un composé acyclique s'il comporte :

– plusieurs chaînes cycliques attachées à une chaîne acyclique,

– un petit système cyclique attaché à une longue chaîne acyclique

Mais considéré comme dérivant d'un composé cyclique, s'il comporte :

– plusieurs chaînes liées à un même système cyclique,

– un petit groupe attaché à un grand système cyclique.

7. Les hydrocarbures polycycliques

On trouvera ici quelques exemples les plus souvent rencontrés en chimie organique.

A) Hydrocarbures aromatiques polycycliques condensés

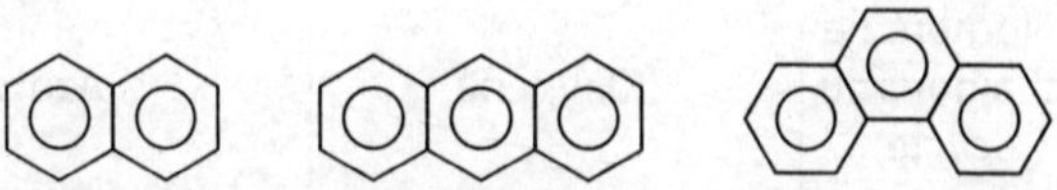

Naphtalène Anthracène Phénantrene

Remarque : la manière de dessiner les cycles et le sens de numérotation correspondent à des règles précises.

B) Hydrocarbures pontés

Le nom est attribué de la manière suivante :

– l'hydrocarbure porte le nom de l'hydrocarbure acyclique ayant le même nombre d'atomes de carbone, il est précédé du préfixe ***bicyclo-***.

– Les nombres d'atomes de carbone de chacun des trois ponts reliant les deux atomes de carbone tertiaires sont indiqués entre crochets par ordre décroissant.

– On attribue l'indice 1 à l'une des têtes de pont et on numérote les carbones le long de la plus longue branche qui conduit à l'autre tête de pont, et ainsi de suite jusqu'à la plus petite branche.

Exemple : [3, 2, 1] bicyclooctane :

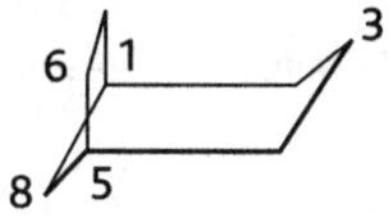

c) Les hydrocarbures spiranniques

Le nom est attribué de la manière suivante :

– l'hydrocarbure porte le nom de l'hydrocarbure acyclique ayant le même nombre d'atomes de carbone et il est précédé du préfixe ***spiro-***.

– Le nombre d'atomes de carbone liés au carbone spirannique dans chaque cycle est indiqué par des chiffres rangés en ordre croissant entre crochets.

– On attribue l'indice 1 à un atome cyclique voisin de l'atome spirannique en numérotant d'abord le plus petit cycle, puis l'atome spirannique et enfin le second cycle.

8. Exemple d'hétérocycles

Les atomes d'oxygène de valence II et d'azote de valence III (...) inclus dans une structure cyclique, forment les hétérocycles.
Dans tous les noms indiqués ici, il y aura élision de la voyelle « a » lorsque le suffixe commence par une voyelle. L'hétéroatome porte le numéro 1. Le nom de l'hétérocycle peut ainsi être formé comme dans le tableau ci-dessous :

	Nombre de chaînons du cycle	Oxygène		Azote	
Préfixe		OXA		AZA	
		cycle saturé	insaturation maximale	cycle saturé	insaturation maximale
Suffixe	3	– irane	– irène	– iridrine	– iridrine
	4	– étane	– ète	–étidine	–ète
	5	–olane	–ole	– olidine	– ole
	6	– ane	– ine	– inane	–ine

Exemples :

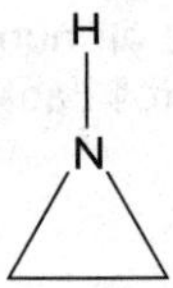

Aziridine

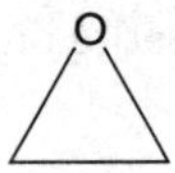

Oxirane

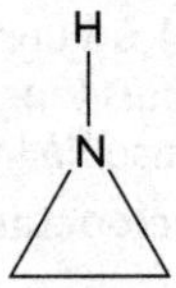

Asolidine

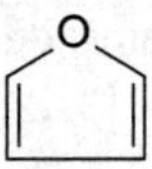

Oxazole

Un certain nombre d'hétérocycles ont des noms triviaux dont l'usage est recommandé. Parmi ceux-ci, on peut signaler :

Furane

Pyrrole

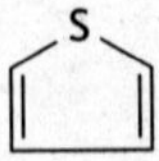
Thiofène

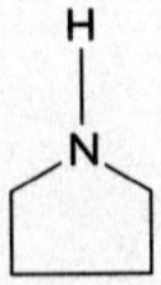
Pyrollidine

Pyridine

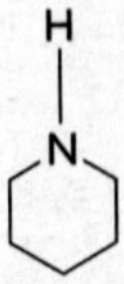
Piperidine

PARTIE XIV

NOMENCLATURE DES FONCTIONS EN CHIMIE ORGANIQUE

On appelle groupe caractéristique, ou fonction, un atome ou un groupe d'atomes introduit sur une chaîne principale (ou composé fondamental). Cette expression ne s'applique évidemment pas aux groupes alkyles. La fonction comporte nécessairement un hétéroatome.

1. La construction des noms

• La chaîne principale doit contenir :
– le groupe caractéristique,
– le maximum d'insaturations,
– la chaîne hydrocarbonée la plus longue,
– un nombre maximal de substituants désignés par des préfixes.

• La classe fonctionnelle du groupe caractéristique permet de déterminer le suffixe désignant la fonction. Les fonctions possèdent un ordre de priorité.

A) Composés avec une seule fonction

• On numérote la chaîne de façon que le suffixe désignant la fonction ait l'indice le plus faible.

• On attribue ensuite les indices :
– aux doubles ou triples liaisons (le cas échéant),
– aux différents groupes qui seront classés par ordre alphabétique (les termes multiplicatifs des groupes simples n'interviennent pas dans cet ordre).

• La voyelle terminale est élidée dans le nom du composé fondamental quand elle est suivie d'un suffixe commençant lui aussi par une voyelle, à condition qu'il n'y ait pas d'indice de position entre elle et la lettre suivante.
Exemples : butan-1-ol et But-2-én-1-ol

• Le nom du composé se forme alors de la manière suivante :

Préfixes +	Chaîne principale +	Insaturations +	Suffixe du groupe caractéristique
A	**B**	**C**	**D**

La numérotation de la chaîne principale s'effectue de façon que l'indice minimal soit attribué à **A** puis en cas de choix à **B** et enfin éventuellement à **C**.

L'indice de position 1 – pour A – peut être omis dans un nom quand cela n'entraîne pas d'ambiguïté (cas des acides, aldéhydes...).

Dans les composés polyfonctionnels comportant plusieurs fois le même groupe caractéristique, le suffixe est précédé du terme multiplicatif adéquat (di, tri, tétra...) lui-même précédé des indices les plus bas possibles. Les voyelles « a » et « o » des termes multiplicatifs sont élidées lorsque le suffixe commence aussi par une voyelle « a » ou « o ».

Exemple : hexanetriol, hexanetétrol

B) Plusieurs fonctions différentes dans le même composé

L'une d'elles est prioritaire, elle sera indiquée par un suffixe correspondant à sa terminaison spécifique et sera affectée de l'indice le plus bas possible.

Les autres fonctions présentes, non prioritaires, sont désignées par des préfixes :

– classées par ordre alphabétique comme tout autre substituant,

– affectées d'indices, les plus bas possibles en cas de choix, déterminés en fonction de l'indice du groupe caractéristique prioritaire.

2. Les acides carboxyliques

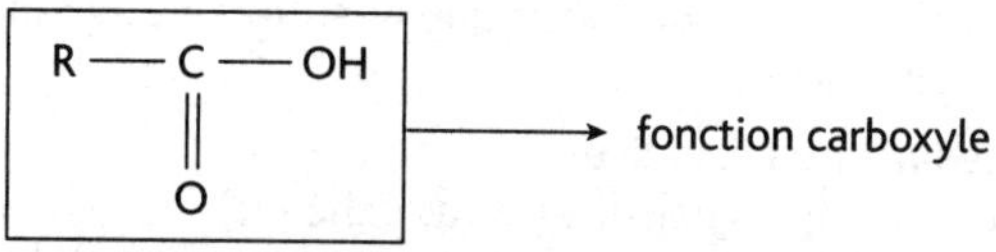

Le groupe fonctionnel carboxyle $-CO_2H$ à l'extrémité de la chaîne principale d'un hydrocarbure acyclique est indiqué en faisant suivre le mot ***acide*** du nom de l'hydrocarbure correspondant auquel on ajoute le suffixe **-oïque**.

• En série cyclique, le nom du composé est indiqué en faisant suivre le mot acide du nom de l'hydrocarbure auquel on ajoute le suffixe **-carboxylique**. L'atome de carbone portant la fonction acide ne fait pas partie de la chaîne principale.

• En série acyclique, quand il y a plus de deux groupes carboxyles on peut nommer l'acide en accolant après le nom de l'hydrocarbure le suffixe **-ncarboxylique** (ex : tricarboxylique, tétracarboxylique). Les atomes de carbone des groupes carboxyles ne font pas partie de la chaîne principale.

La chaîne principale n'est pas nécessairement la plus longue, mais celle qui contient le plus de groupes carboxyles auxquels on attribue les indices les plus bas possibles ; le numérotage de la chaîne permet alors de déterminer les indices des autres groupes éventuels.

A) Les groupes univalents dérivés de la fonction acide

Les dérivés d'acides considérés comme fonctions sont assez nombreux et leur nomenclature découle directement, soit de celle des acides, soit de celle des groupes univalents issus des acides. L'acide R-COOH peut fournir plusieurs groupes univalents.

• Formation d'un groupe univalent par enlèvement de l'hydroxyle (OH)

Les groupes ***R-CO-*** ont pour nom générique ***acyles*** et peuvent être nommés de deux façons différentes selon la structure de ***R-*** :
En série acyclique on remplace la terminaison **-oïque** du nom de l'acide par ***-oyle***.
Cette dénomination s'applique lorsque l'atome d'oxygène se trouve sur le carbone 1. Dans les autres cas, il s'agit d'un groupe alkyle substitué par une fonction cétone.
En série cyclique, on remplace la terminaison ***carboxylique*** du nom de l'acide par ***carbonyles*** (cette dénomination peut aussi être utilisée en série acyclique).
Le groupe **H-CO-** (groupe acyle particulier : R ═ H, n ═ 0) porte le nom de **formyle.**

• Formation d'un groupe univalent par enlèvement d'un atome d'hydrogène

Le groupe H-OOC- (cas particulier : R ═ H, n ═ 0) porte le nom de groupe ***carboxy***.
Il est utilisé essentiellement dans deux cas :
– Quand il y a plus de deux groupes carboxyles.
– Lorsque, à partir d'un polyacide, on forme un groupe univalent.

Le groupe **HOOC-(CH_2)$_n$**- est considéré comme un groupe alkyle substitué par un carboxy sur son carbone n ; l'atome de carbone portant la valence libre a le numéro 1.
L'atome de carbone du groupe carboxy ne fait pas partie de la chaîne portant la valence libre.
Lorsqu'un tel groupe est en position **x** d'une chaîne, il est indiqué comme préfixe entre parenthèses et à la place que lui assigne sa première lettre (ex : **x**-(3-carboxy-2-méthylpropyl))

Le nom du groupe **R-COO-** s'obtient par une nomenclature d'assemblage d'unités structurales :

– on nomme en premier le groupe R-CO-

– on y ajoute le suffixe **-oxy**

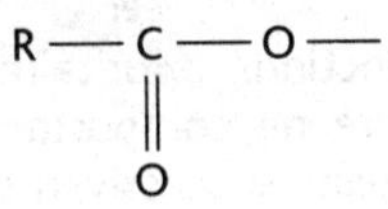

groupe acyloxy

Cas particulier :

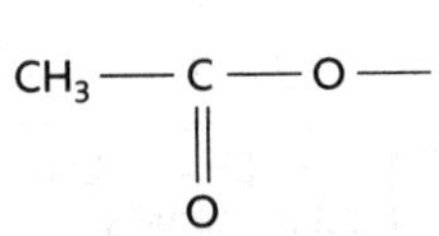

groupe acétoxy

3. Les anhydrides d'acides

• **Les anhydrides symétriques** d'acides monocarboxyliques sont nommés en remplaçant le mot acide par ***anhydride***. Si un acide a un nom trivial, l'anhydrique correspondant portera le même nom.

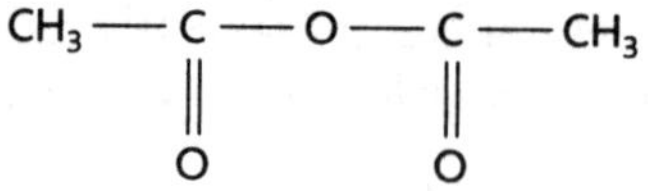

anhydride acétique

• **Les anhydrides mixtes** (provenant de deux acides monocarboxyliques différents) sont nommés en faisant suivre le mot anhydrides des noms des deux acides classés dans l'ordre alphabétique.

• **Les anhydrides cycliques** des acides polycarboxyliques sont nommées de préférence comme des anhydrides, malgré la présence d'une structure hétérocyclique.

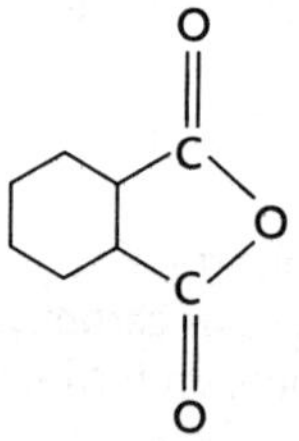

anhydride cyclohexane-1,2 -dicarboxylique

4. Les sels et les esters

Les anions **R-COO-** se nomment en remplaçant dans le nom de l'acide correspondant **-ique** par **-ate**. Le nom de l'anion est utilisé pour nommer les esters et les sels.

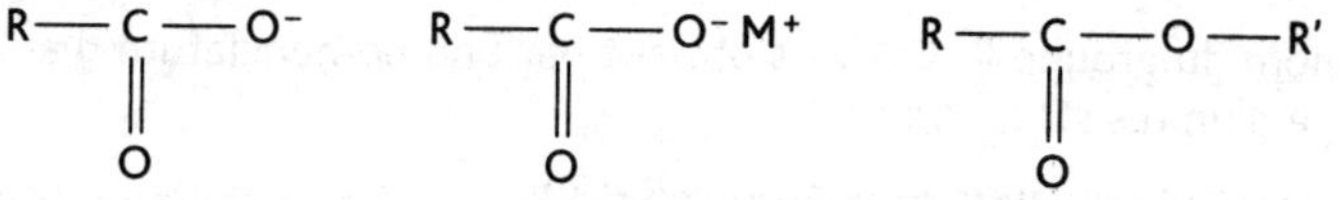

anion sel ester

Lorsqu'ils sont fonctions prioritaires, les sels neutres ou les esters neutres (c'est-à-dire ne comportant plus de fonctions acides) sont nommés en indiquant successivement le nom de l'anion suivi de ***de*** (avec élision éventuelle du e) puis le nom du métal ou du groupe hydrocarboné.

Exemples :

$CH_3—COO—CH{=}CH_2$ → Acétate de vinyle
$CH_3—CH_2—COONa$ → éthylate de sodium

Lorsque l'ester comporte sur l'un des groupes R, ou R', une fonction prioritaire sur la fonction ester (c'est-à-dire des fonctions acides ou anhydrides d'acides), on utilise une nomenclature par assemblage.

• **Si la chaîne principale est R** le groupe R'-O-CO- est un substituant considéré comme préfixe dont le nom s'obtient par assemblage des différents composants dans l'ordre.

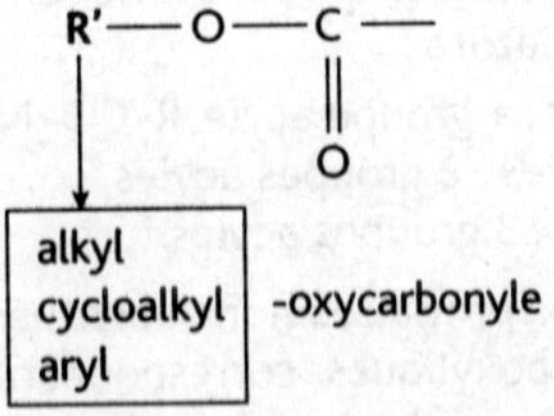

• **Si la chaîne principale est R'** le groupe R-COO- est un acyloxy.

5. Les halogénures d'acides

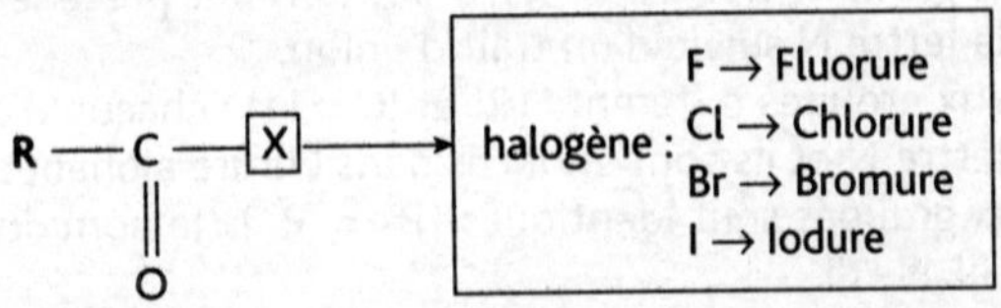

Les composés R-CO-X dans lesquels un halogène remplace le groupe hydroxyle de l'acide carboxylique sont nommés en faisant suivre le nom de l'anion halogénure de celui du groupe acyle R-CO- précédé de ***de*** ou ***d'***.
L'atome de carbone du groupe X-CO considéré comme substituant ne fait pas partie de la chaîne principale.

6. Les amides

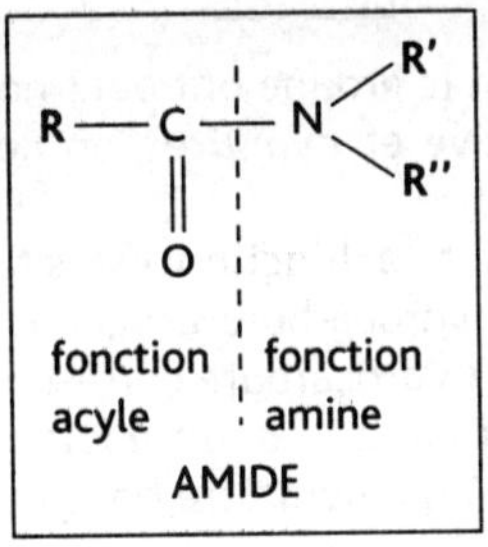

Les amides dans lesquels R' et R" sont des atomes d'hydrogène ou des groupes hydrocarbonés, sont des dérivés d'acides carboxyliques : le groupe hydroxyle de l'acide est remplacé par un groupe amine ($-NR_2$). Ces composés ont pour nom générique **amides.**
En nomenclature radicofonctionnelle, les amides peuvent être nommés acylamines.

Il existe trois classes d'amides qui sont fonction du nombre de groupes acyles liés à l'atome d'azote :
– les amides primaires : 1 groupe acyle. $R\text{-}CO\text{-}NH_2$,
– les amides secondaires : 2 groupes acyles,
– les amides tertiaires : 3 groupes acyles.

• **Les noms des amides primaires** non substitués à l'azote dérivent des noms des acides carboxyliques correspondants, en remplaçant les terminaisons -***ique*** par ***amide*** et ***carboxylique*** par ***carboxamide.***

Les amides primaires substitués sur –l'atome d'azote (R' et/ou R" ≠ H) sont considérés comme dérivés des amides primaires $R\text{-}CO\text{-}NH_2$; les groupes R' et R" sont alors des préfixes. Le nom de l'amide s'établit selon les cas :
– S'il y a un groupe ($R_2 \neq H$ et $R_3 = H$) : on fait précéder le nom du groupe de la lettre N suivie d'un trait d'union.
– S'il y a deux groupes différents (R' et R" ≠ H) : chacun d'eux est précédé de la lettre N et ils sont énoncés dans l'ordre alphabétique.
– Si les deux groupes sont identiques (R' = R") : le nom du groupe est précédé de N, N–di.

Lorsque la fonction amide n'est pas prioritaire dans un composé, elle est nommée en préfixe.

• **Les amides secondaires et tertiaires** peuvent se nommer comme des dérivés mono- ou diacylés sur l'azote de l'amide le plus complexe :

• Le groupe NH_2–CO–. Il a pour nom ***carbamoyle.***

7. Les nitriles (cyanures)

$$R{-}C{\equiv}N$$

Les composés contenant le groupe ont pour nom générique **nitriles**, en nomenclature substitutive et ***cyanures***, en nomenclature radicofonctionnelle.
Les nitriles dans lesquels la fonction est située à l'extrémité d'une chaîne principale d'un hydrocarbure acyclique sont nommés en ajoutant ***nitrile*** au nom de l'hydrocarbure correspondant.
L'atome de carbone portant celui d'azote fait partie de la chaîne principale, il porte le numéro 1 qui peut être omis puisqu'il n'y a pas d'ambiguïté.

Les nitriles peuvent aussi être nommés en faisant suivre le mot ***cyanure*** du nom du groupe R précédé de de. L'atome de carbone portant celui d'azote ne fait pas partie de la chaîne principale.

Les nitriles sont considérés comme dérivés des acides dans deux cas :
– Lorsque l'acide porte un nom trivial : le nom du nitrile s'obtient en remplaçant la terminaison ***-ïoque*** ou ***-ique*** de l'adjectif spécifique de l'acide par ***onitrile***.

$$CH_3—C\equiv N$$

éthanenitrile
= cyanure de méthyle
= acétonitrile

– Lorsque le nom systématique de l'acide se termine par « carboxylique » : le nom du nitrile s'obtient en remplaçant ***carboxylique*** par ***carbonitrile***.

Lorsqu'un composé renferme un groupe prioritaire sur la fonction nitrile, ce dernier est désigné par le préfixe ***-cyano*** (dont l'atome de carbone ne fait pas partie de la chaîne principale)

8. Les aldéhydes

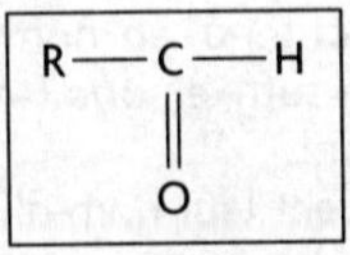

Le nom d'un aldéhyde acyclique est formé en ajoutant le suffixe ***-al*** ou ***-dial*** au nom de l'hydrocarbure correspondant qui renferme le même nombre d'atomes de carbone que l'aldéhyde.

• **En série cyclique**, le nom d'un aldéhyde, dans lequel la fonction aldéhyde est directement fixée sur un atome de carbone du cycle, est formé en ajoutant la terminaison ***carbaldéhyde*** au nom du cycle.

• **En série acyclique**, quand il y a plus de deux groupes aldéhydes, on nomme le polyaldéhyde en ajoutant le suffixe ***-ncarbaldéhyde*** (tricarbaldéhyde, tétra, penta, ...) au nom de la chaîne la plus longue et contenant le nombre maximal de groupes aldéhydes. Les atomes de carbone des fonctions aldéhydes ne font pas partie de la chaîne principale.

Lorsqu'un composé renferme un groupe prioritaire sur le groupe aldéhyde, ce dernier est désigné par le préfixe ***formyle*** (son atome de carbone ne fait pas partie de la chaîne principale).

Le tableau ci-dessous résume les règles de nomenclature pour les fonctions aldéhyde, nitrile et acide.

Fonction		acide	nitrile	aldéhyde	l'atome de carbone de la fonction
Prioritaire	série acyclique	alcanoïque	alcane-nitrile	alcanal	fait partie de la chaîne principale
	série cyclique	carboxylique	carbonitrile	carbaldéhyde	ne fait pas partie de la chaîne principale
Non prioritaire		carboxy	cyano	formyle	

9. les cétones

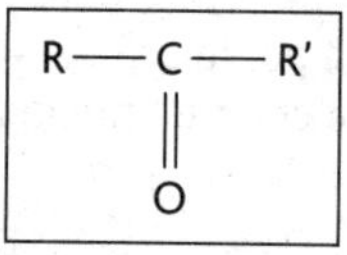

Les composés contenant le groupe carbonyle lié à deux atomes de carbone ont pour nom générique ***cétones***.
Le nom de la cétone est obtenu, en nomenclature systématique ou substitutive, en ajoutant le suffixe ***-one*** (-dione, -trione...) au nom de l'hydrocarbure correspondant.
Les composés suivants gardent leur nom d'usage :

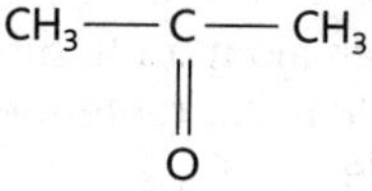

Acétone

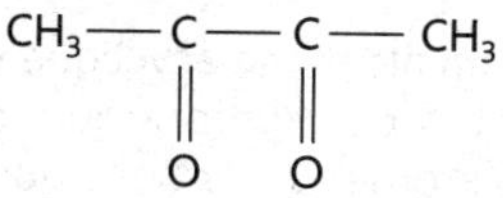

Biocétyle

Le nom d'une cétone R -CO-R, peut également être formé par assemblage en nomenclature radicofonctionnelle en énonçant successivement :
– les noms des groupes R et R', classés par ordre alphabétique ;
– le mot ***cétone***.
Lorsqu'un composé renferme un groupe prioritaire sur le groupe carbonyle (d'une cétone), ce dernier est désigné par le préfixe ***oxo***.

Si un groupe carbonyle ne fait pas partie de la chaîne principale, il faut considérer le substituant R-CO-$(CH_2)_n$.
Deux cas sont possibles selon la valeur de n :

• Si n = 0, le substituant est R-CO- ; il s'agit alors d'un groupe acyle.
• Si n ≠ 0, il s'agit d'un substituant lui même substitué par un groupe oxo- ; ce sera par exemple un ***x-oxo-alkyle***. L'atome de carbone du substituant lié à la chaîne principale porte le numéro 1.

Lorsque le benzène est directement lié à un seul groupe acyle, le nom du composé s'obtient en changeant la terminaison par ***-ophénone***.

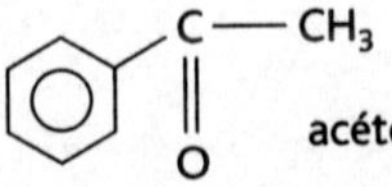

acétophénone

10. Les alcools

R—OH

Les composés dans lesquels le groupe -OH remplace un atome d'hydrogène sur un carbone saturé ont pour nom générique ***alcools***.
Le nom des alcools en nomenclature substitutive, est formé en ajoutant le suffixe ***-ol*** au nom de l'hydrocarbure comportant le même nombre d'atomes de carbone.

Il existe trois classes d'alcools, en fonction du degré d'hydrogénation du carbone portant la fonction hydroxyle :

$R—CH_2—OH$ ⟶ alcool primaire

$R—CH(R')—OH$ ⟶ alcool secondaire

$R—C(R')(R'')—OH$ ⟶ alcool tertiaire

En nomenclature radicofonctionnelle, on nomme les alccols en faisant suivre le mot ***alcool*** du nom de groupe auquel on ajoute la terminaison ***-ique***.

$CH_3—OH$	méthanol ou alcool méthylique
$CH_3—CH_2—OH$	éthanol ou alcool éthylique

Le groupe hydroxyle HO- est désigné par le préfixe ***HYDROXY*** dans deux cas :

– Lorsque le composé comporte une autre fonction prioritaire sur la fonction alcool.
– Lorsqu'il est situé dans une chaîne latérale, cette dernière est alors considérée comme substituée par un hydroxyle.
• Les phénols sont les dérivés hydroxyles du benzène et des systèmes cycliques aromatiques.

Les dérivés monohydroxylés sont considérés comme des phénols substitués.
Les dérivés polyhydroxylés sont considérés comme des benzène-diols, benzènetriols...

11. Les thiols

R—SH

Les composés qui contiennent le groupe **SH** (comme groupe principal) directement lié à un atome de carbone ont pour nom générique ***thiols***. Leurs noms sont formés en ajoutant le suffixe **-thiol** au nom du composé fondamental.

CH_3—SH méthanethiol

CH_3—CH_2—SH éthanethiol

Dans le cas des phénols pour indiquer le remplacement de l'atome d'oxygène de l'hydroxyle par celui de soufre, on peut faire précéder le nom trivial du phénol du préfixe ***thio-***.

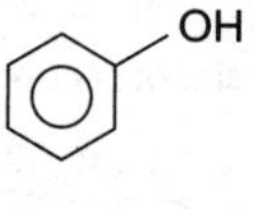

phénol

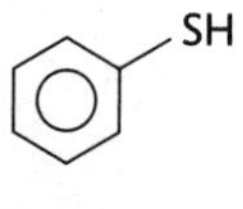

thiophénol = benzènethiol

Quand le groupe -SH n'est pas prioritaire, il est indiqué en préfixe ***mercapto-*** devant le nom du composé fondamental.
On peut également utiliser la nomenclature radicofonctionnelle, le nom du composé R-SH est alors obtenu en faisant suivre ***hydrosulfure*** du nom du groupe R.

R—OH ⟶ R—O^- M^+
alcool — alcoolate de M

R—SH ⟶ R—S^- M^+
thiol — thiolate de M

12. Les amines

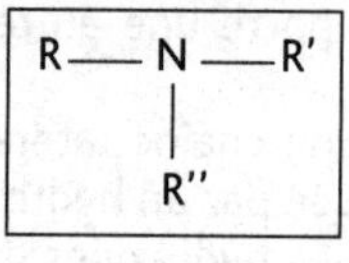

Les composés R-NR_2 ont pour nom générique **amines**.

Comme pour les alcools on les classe en amines primaires, secondaires et tertiaires.

• **Les amines primaires**

Les amines primaires $R\text{-}NH_2$ sont nommées en ajoutant la terminaison ***-amine*** au nom du groupe R. L'atome de carbone directement lié à l'atome d'azote porte le numéro 1.

Les diamines et polyamines primaires sont des amines dans lesquelles les groupes -NH sont liés directement à la chaîne hydrocarbonée fondamentale. Elles sont nommées en ajoutant la terminaison ***-diamine***, ***-triamine***, soit au nom du composé fondamental, soit au nom du groupe plurivalent.

Le groupe $-NR_2$ non prioritaire est désigné par le préfixe ***amino-***.

• **Les amines secondaires et tertiaires**

Les amines secondaires et tertiaires symétriques sont nommées en faisant précéder le nom du groupe du préfixe multiplicatif di ou tri.

Exemple : $(CH_3\text{-}CH_2)_3N$ = Triéthylamine

Les amines secondaires et tertiaires non symétriques sont nommées comme des amines primaires substituées à l'atome d'azote :

– Le groupe le plus long (ou le plus compliqué) est choisi pour constituer l'amine primaire.

– Les autres groupes, précédés de la lettre N- sont énoncés dans l'ordre alphabétique.

Si deux ou trois groupes R comportent des fonctions prioritaires sur la fonction amine, les groupes -NH- et -N'H correspondants sont désignés respectivement par les préfixes ***imino-*** et ***nitrilo-***.

Exemple :

$HOOC—CH_2—NH—CH_2—COOH$ Acide iminodiacétique

13. Les éthers-oxydes

R—O—R'

Le nom d'un éther-oxyde est formé, en nomenclature substitutive, en utilisant comme préfixe le nom du groupe R-O- (aclcoxy) suivi du nom de l'hydrocarbure correspondant au groupe R. Le composant R prioritaire est choisi comme structure fondamentale.

La nomenclature radicofonctionnelle est déconseillée.

• Un atome d'oxygène lié à deux atomes de carbone adjacents d'une chaîne est indiqué par le préfixe ***epoxy-*** suivi du nom de l'hydrocarbure correspondant.

• Un atome d'oxygène lié à deux groupes identiques comportant une fonction prioritaire sur la fonction éther-oxyde est désigné par le préfixe ***oxy-***

14. Les sulfures

R—S—R'

Les noms des sulfures sont formés de manière analogue à ceux des éthers oxydes par remplacement :
– soit de la terminaison ***-oxy*** par ***-thio***
– soit du terme ***oxyde*** par ***sulfure***.

Exemple :

CH_3—S—CH_3 méthylthiométhane = sulfure de diméthyle

15 . Les composés halogénés

R—X ⟶ I, F, Cl, Br

Les dérivés halogénés peuvent être nommés de deux façons différentes :
– soit en faisant précéder le nom du composé fondamental des préfixes *-fluoro*, *-chloro*, *-bromo*, ou *-iodo*
– soit en énonçant le mot fluorure, chlorure, bromure, iodure suivi du nom du groupe R, précédé de *de*.

Quand tous les atomes d'hydrogène d'un composé sont remplacés par des atomes d'halogène de même nature, le nom est formé en faisant précéder le nom du composé fondamental du préfixe ***perfluoro, perchloro***...

PARTIE XV

LES EFFETS ÉLECTRONIQUES

1. L'effet inductif

Dans le cas d'une liaison hétéronucléaire mettant en jeu 2 atomes d'électronégativité très différente, la liaison covalente est polarisée.
La molécule devient équivalente à un dipôle électrique : la densité électronique est déplacée vers l'atome le plus électronégatif et les atomes acquièrent des charges partielles notées δ.

Exemple :

$\overset{\delta^+}{H}—\overset{\delta^-}{Cl}$ H ⟶ Cl

C'est le Cl qui donne sa polarité à la molécule.
Cette polarité induite par la dissymétrie électronique est appelée effet inductif. Il est représenté par des flèches sur les liaisons.

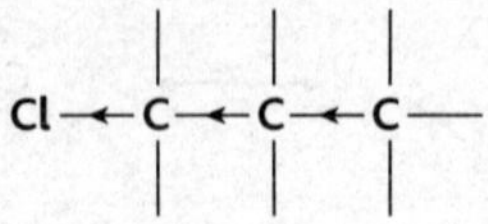

L'influence du groupe polarisant est notée en prenant comme référence l'atome d'hydrogène. Plus le groupe polarisant est électronégatif, plus l'effet attracteur sur les électrons de la liaison est important, plus il est électropositif et plus l'effet répulsif est important.
On parle **d'effet inductif accepteur – I** (atome plus attractif que H)

Exemple : F > O > N > S

D'effet inductif donneur + I (atome moins attractif que H)

Exemple : K > Na > Li

Cet effet s'atténue rapidement le long des liaisons, il se transmet jusqu'à la quatrième liaison puis est nul. Ces polarités apparaissant sur les molécules sont importantes car elles permettent de prévoir la nature des réactifs qui réagiront en ce site donné ainsi que le sens d'éventuelles coupures de la molécule. De plus ce sont ces polarités induites qui permettent les associations de type liaison hydrogène entre les molécules.
Il existe une échelle des effets inductifs :

Effet – I (effet croissant) ⟶

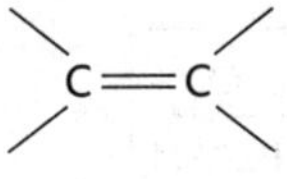 , Ar , R—C C— , $-NH_2$, $-NR_2$, -OH, -OR, SH, $-CO_2R$, I ⟶

-COR, -CHO, -Br, -Cl, $-CO_2H$, -CN, $-SO_2R$, $-NO_2$, -F, $-NR_3$

Effet + I (effet croissant)

CH_3, RCH_2, R_2CH, R_3C, Mg, Li, Na, K, $-C(=O)O^-$, $R-O^-$, R_2N^-, R_3C^-

2. L'effet mésomère

C'est un effet électronique qui concerne les électrons p et les doublets n. Il en existe dans des enchaînements conjugués et s'explique par la délocalisation de ces électrons qui entraîne la formation de plusieurs formes limites de résonance.

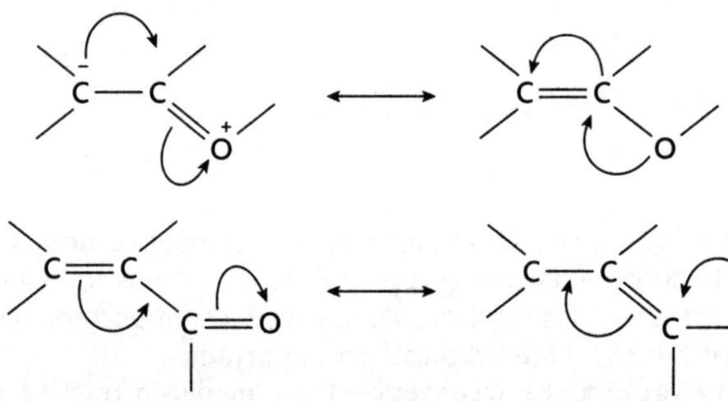

De même que pour l'effet inductif on définit des groupes mésomères donneurs **+ M**, et des groupes mésomères accepteurs **– M**.
La transmission de l'effet mésomère se fait sans atténuation le long des liaisons des enchaînements conjugués.

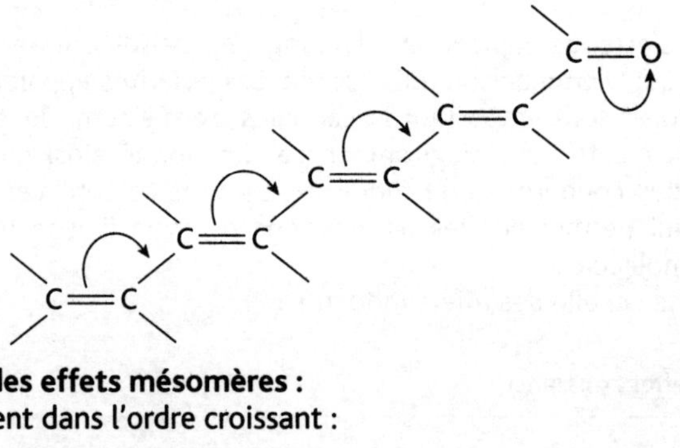

Échelle des effets mésomères :
Classement dans l'ordre croissant :

+M	I, Br, Cl, F, -SH, -OR, $-NH_2$, R_2—NH, R_3—N, $-O^-$
−M	-CO—NN, $-CO_2R$, -CHO, -CN, $-SO_3H$, $-NO_2$, $\overset{+}{N}\equiv N$

Dans les systèmes éthyléniques portant un hétéroatome +M > −I **l'effet mésomère prime toujours sur l'effet inductif.**

PARTIE XVI

LA STÉRÉOCHIMIE

1. Représentation des molécules

A) Représentation projective de Cram

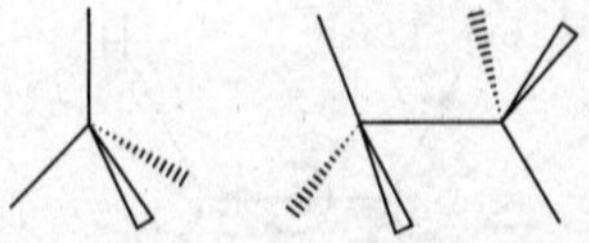

- liaison dans le plan de la feuille
- liaison en arrière du plan
- liaison en avant du plan

B) Représentation semi-perspective

Le carbone situé en bas est pris en avant.

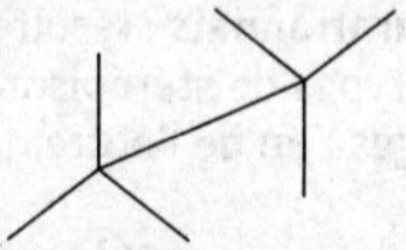

C) Représentation Newman

La molécule est projetée sur un plan perpendiculaire à la liaison carbone—carbone. Le point représente le carbone situé en avant, le cercle, le carbone situé en arrière.

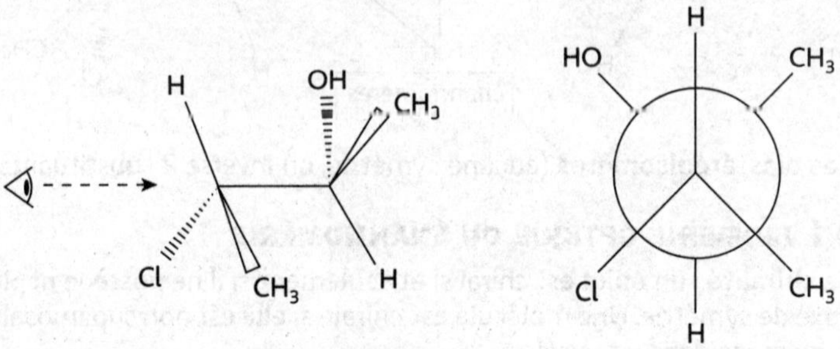

D) Représentation Fischer

La liaison carbone—carbone est disposée verticalement, les liaisons verticales sont dans le plan ou en arrière, les liaisons horizontales sont en avant.

2. Configuration et conformation

A) Définition

- **Isomères :** composés différents qui ont la même formule brute.
- **Isomères de structure** (de constitution) : les molécules diffèrent par l'ordre d'enchaînement de leurs atomes. (Formules développées planes différentes)

• **Stéréoisomères :** composés ayant la même formule développée plane mais qui diffèrent par l'arrangement dans l'espace de leurs atomes.
• **Stéréoisomères conformationels = rotamères = conformères.** Ils sont interconvertibles par libre rotation autour d'une liaison simple.

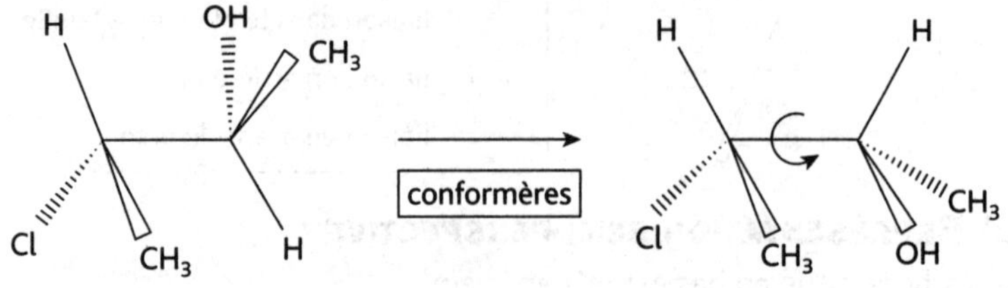

• **Stéréoisomères configurationnels :** résultent de l'interconversion de 2 substituants. Il existe 2 types de stéréoisomères :
• **Les énantiomères** (images l'un de l'autre dans un miroir).

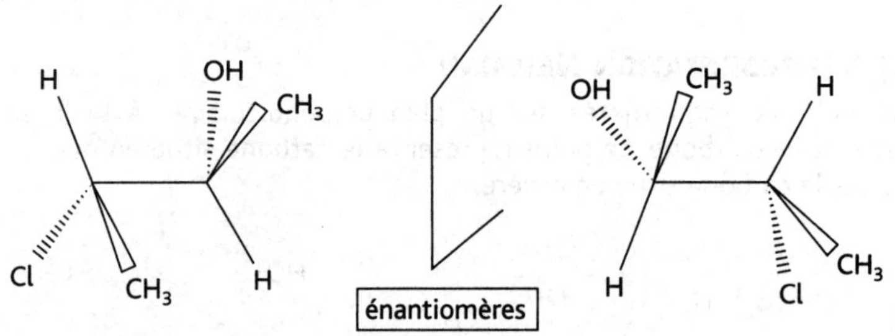

• **Les diastéréoisomères** (aucune symétrie, on inverse 2 substituants).

B) L'isomérie optique ou énantiomérie

• **La chiralité :** un objet est chiral si et seulement si il ne possède ni plan ni axe de symétrie. Une molécule est chirale si elle est non superposable à son image dans un miroir.

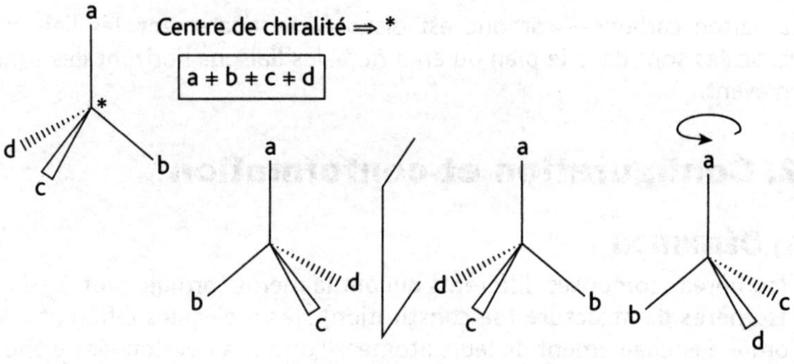

Un élément de chiralité confère à la molécule la propriété de chiralité :
- C = ses 4 substituants sont différents.
- N = sous forme ammonium quaternaire
- S
- P
- As

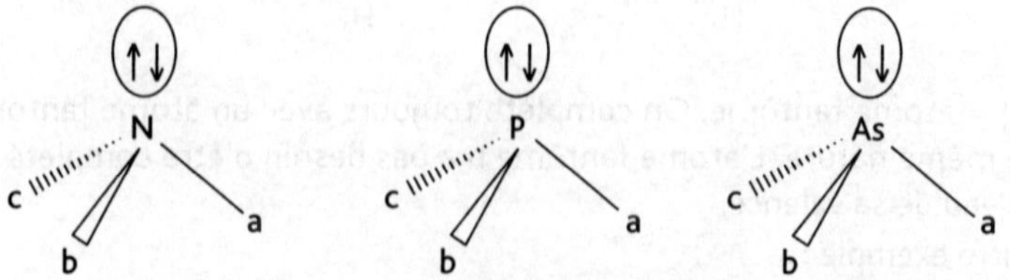

amines phosphines arsines

a ∗ b ∗ c ∗ d

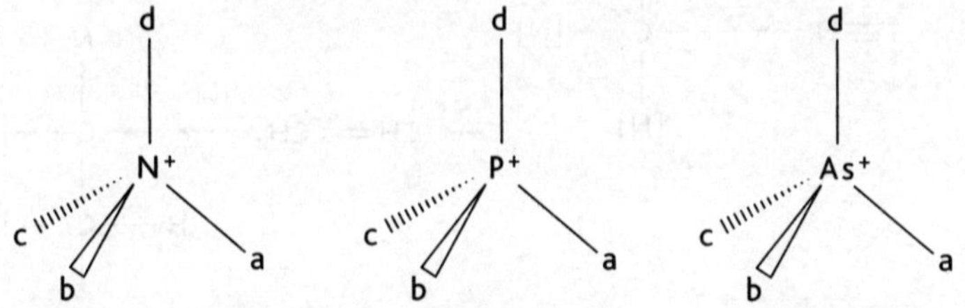

sels d'ammonium sels de phosphonium sels d'arsonium

En fait tous les atomes pyramidaux ne subissent pas l'inversion.

c) La configuration

C'est l'arrangement particulier des atomes ou des groupements dans l'espace. Elle caractérise un stéréoisomère donné.

<u>Les règles C.I.P</u> :

Les substituants des C ou des C éthyléniques sont classés entre eux selon leur degré d'éloignement et selon une séquence de priorité.

– 1 – <u>À un degré d'éloignement donné</u> : priorité à l'atome de plus grand numéro atomique. I > Br > Cl > S > F > O > N > C > H

– 2 – <u>Atome au degré d'éloignement supérieur</u> si ceux du premier degré sont identiques.

On leur applique la règle numéro 1.

– 3 – <u>Liaisons multiples</u> : Elles sont considérées comme autant de liaisons simples. Chaque atome engagé dans la liaison multiple sera écrit autant de fois qu'il porte la liaison.

Exemple : -C = O

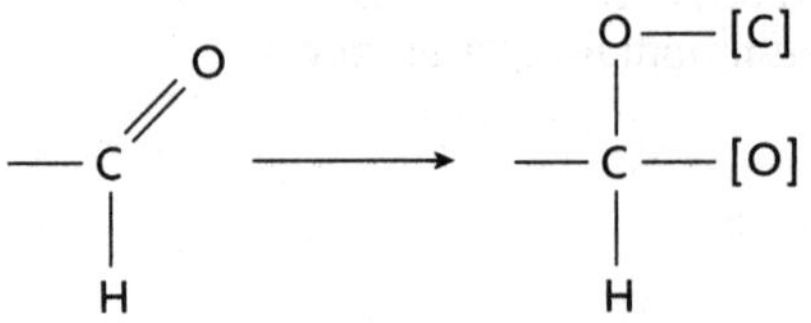

[C] = atome fantôme. On complète toujours avec un atome fantôme de même nature. L'atome fantôme n'a pas besoin d'être complété au niveau de sa valence.

Autre exemple :

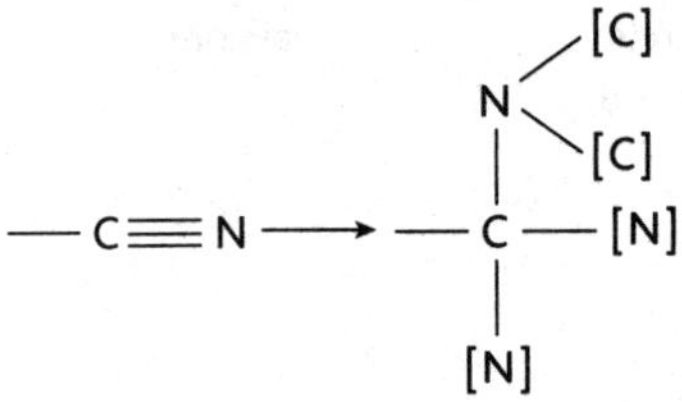

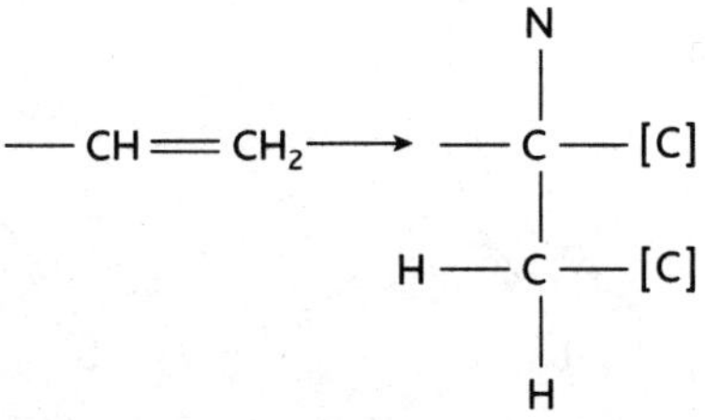

<u>Isomérie R et S :</u> Détermine la configuration d'un composé optiquement actif.

– 1 – On classe les différents substituants suivants CIP.

– 2 – En regardant suivant la liaison C—4 (du côté opposé au substituant) la séquence 1-2-3 peut être perçue :

• sens des aiguilles d'une montre = R

• sens inverse des aiguilles d'une montre = S

<u>Isomérie Z et E :</u> Cas des doubles liaisons.

– **1** – Si les 2 substituants prioritaires sont d'un même côté de la double liaison = Z (z = zuzammen = ensemble)

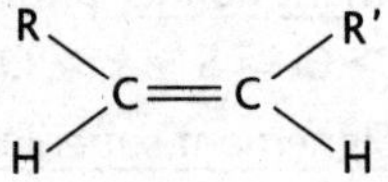

– **2** – S'ils sont situés de part et d'autre de la double liaison = E (Entgegen = opposés)

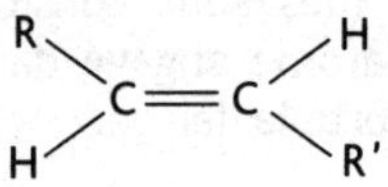

<u>Isomérie cis et trans</u> : Dans le cas des cycles pairs diamétralement substitués.

Bien que la molécule soit achirale il existe 2 stéréoisomères de configurations distinctes, ce sont des isomères géométriques.

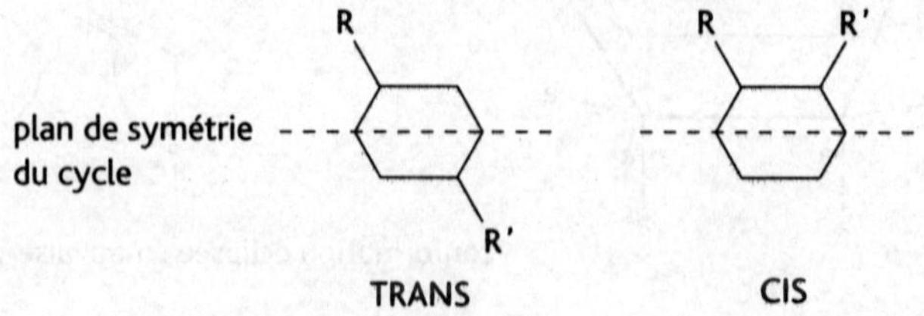

D) COMBINAISON DES ÉLÉMENTS DE STÉRÉOISOMÉRIE

L'interconversion de 2 substituants du C permet de passer d'un diastéréoisomère à l'autre.

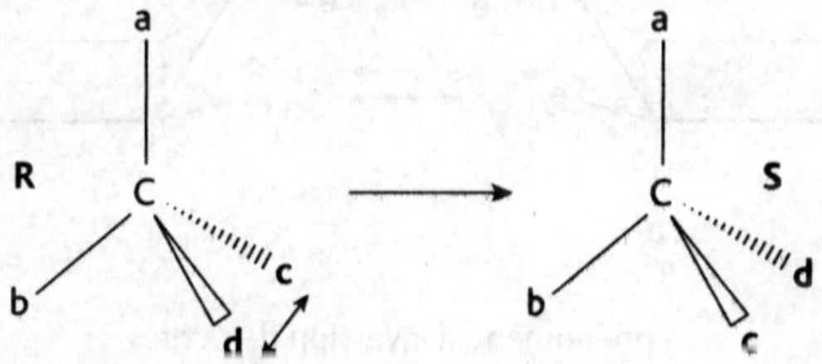

3. Cas du cyclohexane

On le représente suivant deux conformations appelées « chaise » et « bateau ».

Les substituants sont soit en position équatoriale (e) par rapport au cycle, soit en position axiale (a).

conformation chaise

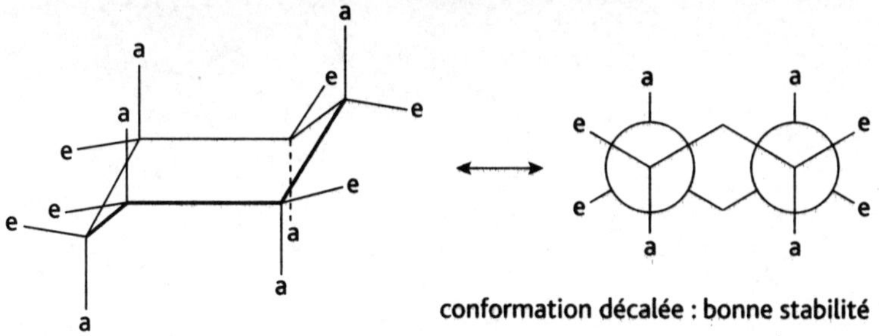

conformation décalée : bonne stabilité

conformation bateau

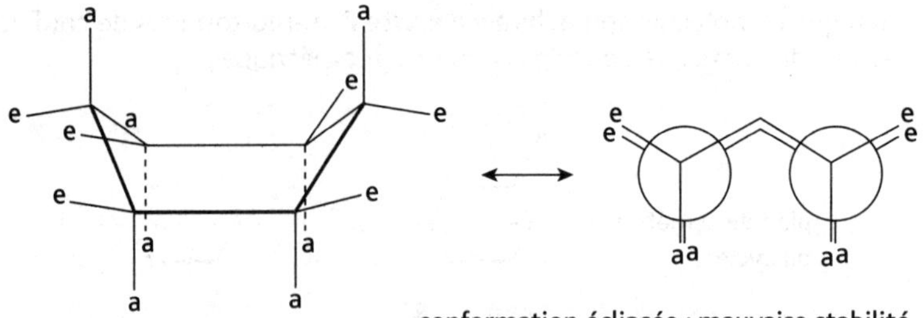

conformation éclipsée : mauvaise stabilité

Le cyclohexane est soumis au phénomène d'inversion de cycle : il est en équilibre constant entre les deux formes.

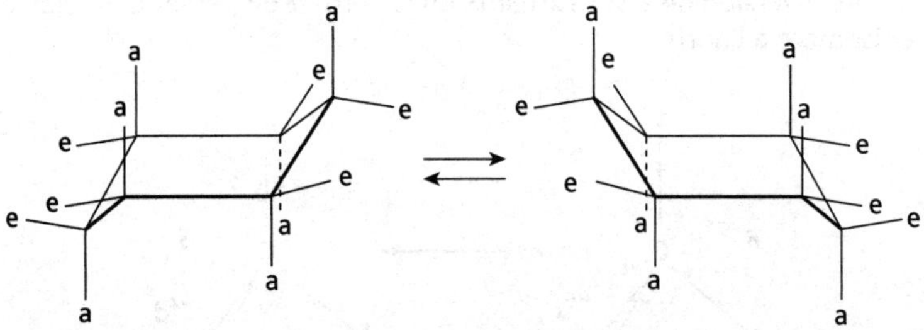

phénomène d'inversion de cycle

Les substituants axiaux d'une forme deviennent équatoriaux après l'inversion, et réciproquement les substituants équatoriaux deviennent axiaux.
Si l'un des substituants est volumineux, l'équilibre va être déplacé vers la forme la plus stable : ce sera toujours la forme pour laquelle ce substituant sera positionné pour minimiser les interactions stériques.
En général on a une prépondérance de la forme dans laquelle le substituant volumineux est en position équatoriale.

PARTIE XVII

ÉTUDE DES MÉCANISMES RÉACTIONNELS

1. La nature des réactifs

A) Les réactions radicalaires

Les réactifs sont des entités possédant un électron célibataire : ce sont des radicaux notée $R^{\bullet}$.
Leur durée de vie est très courte, du fait de l'instabilité de la molécule induite par la présence de l'électron célibataire. Ils sont très réactifs et agissent rapidement.

B) Les réactions électrophiles

Elles mettent en jeu des entités déficientes en électrons appelées **électrophiles.**
Ce sont des acides de Lewis (c'est-à-dire des espèces avec orbitales vides) et des cations.

C) Les réactions nucléophiles

Elles mettent en jeu des entités riches en électrons appelées **nucléophiles**. Ils se lient à des sites appauvris en électrons (les électrophiles : portant une charge partielle δ^+).
Ce sont des bases de Lewis (c'est-à-dire des espèces avec doublets libres) et des anions.
La nucléophilie est définie du point de vue cinétique : un bon nucléophile est celui qui se lie rapidement à un grand nombre de sites positifs.
En général un nucléophile portant une charge négative est toujours plus fort que son acide conjugué (exemple : OH^- est un plus puissant nucléophile que H_2O).

2. Les substitutions

A) La substitution radicalaire

La formation du radical se fait par homolyse de liaison σ. Les deux électrons de la liaison se répartissent sur chacun des produits de la rupture formant un radical possèdant un électron célibataire.
C'est un mécanisme en chaîne en plusieurs phases.

(L'exemple choisi ici est l'halogénation).

• **Phase 1 : initiation** : c'est la formation des radicaux.
Soit par le réactif lui-même.
Soit par un initiateur extérieur.

$X_2 \xrightarrow{h\upsilon} 2X^{\bullet}$ **Initiation par voie photochimique**

$X_2 + M \longrightarrow 2X^{\bullet} + M$ **Initiation par un composé inducteur présent dans le milieu**

• **Phase 2 : propagation** : la réaction continue par transfert radicalaire.

$X^{\bullet} + R-H \longrightarrow HX + R^{\bullet}$

$R^{\bullet} + X_2 \longrightarrow RX + X^{\bullet}$

• **Phase 3 : terminaison** : elle est limitée si on travaille en phase gazeuse car on diminue les chances statistiques de rencontre des radicaux.

$R^{\bullet} + R^{\bullet} \longrightarrow R-R$

$X^{\bullet} + R^{\bullet} \longrightarrow RX$

$X^{\bullet} + X^{\bullet} \longrightarrow X_2$

Il existe une certaine sélectivité des réactions radicalaires : lorsque plusieurs produits sont susceptibles d'être formés, leur répartition n'est pas statistique mais on a toujours un excès du composé le plus stable, c'est-à-dire le plus substitué.
La stabilité du radical est augmentée par l'encombrement stérique et par la délocalisation.
Le radical possède une structure de type sp^3 à inversion rapide que l'on considère comme plane.

B) La substitution nucléophile

Il en existe 2 sortes en fonction de leurs mécanismes d'action.

• **La SN1 :**

C'est une réaction unimoléculaire qui s'effectue en deux étapes, une lente et une rapide :

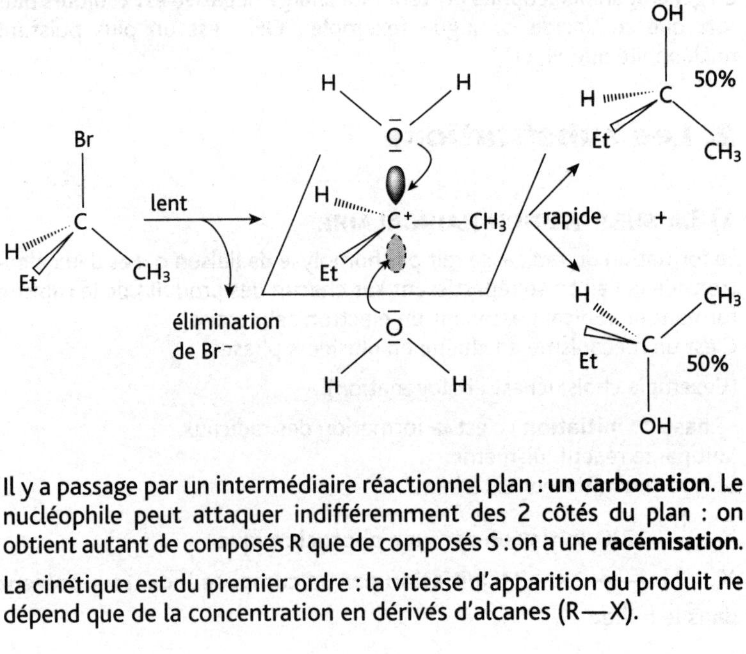

Il y a passage par un intermédiaire réactionnel plan : **un carbocation.** Le nucléophile peut attaquer indifféremment des 2 côtés du plan : on obtient autant de composés R que de composés S : on a une **racémisation.**

La cinétique est du premier ordre : la vitesse d'apparition du produit ne dépend que de la concentration en dérivés d'alcanes (R—X).

• Ce type de réaction est favorisé par tout ce qui permet de stabiliser le carbocation intermédiaire :

– L'encombrement stérique (plus le carbocation est substitué plus il est stable).

– Les effets donneurs.

– La possibilité de délocalisation de la charge.

• Au niveau énergétique :

$$R_3-C-X \longrightarrow -\overset{+}{C}- \longrightarrow R_3-C-OH \text{ (R et S 50/50)}$$

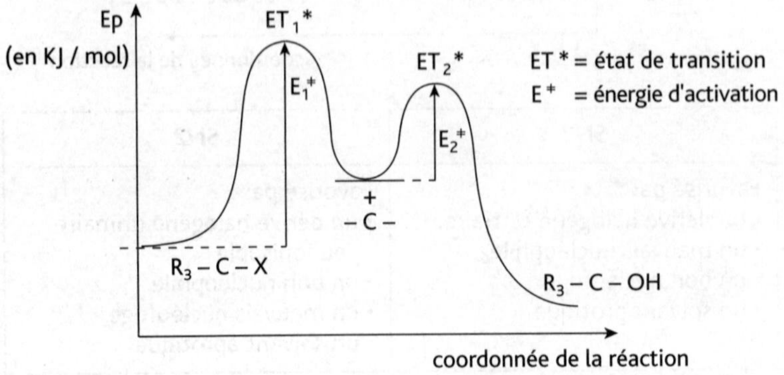

• La SN2 :

C'est une réaction bimoléculaire qui ne comporte qu'une seule étape. Le nucléophile attaque par un côté en même temps que s'effectue le départ du nucléofuge.

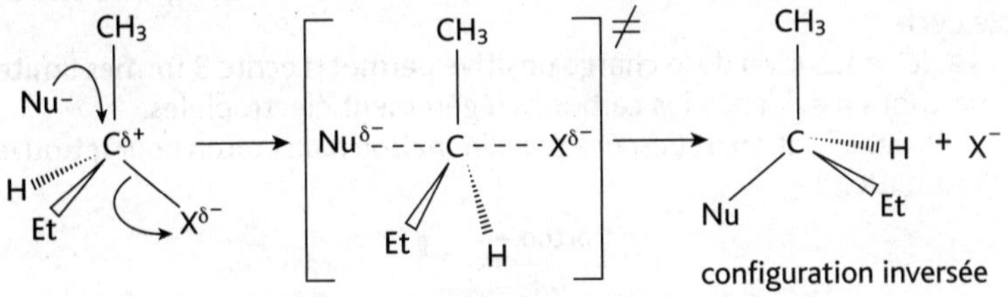

État de transition plan
puis inversion de configuration

On passe par un état de transition bipyramidal plan, puis on a inversion de configuration.

C'est une réaction stéréospécifique : on a une inversion de configuration.

C'est l'inversion de Walden.

État de transition : les électrons sortent de l'orbitale avec X pendant que les électrons du nucléophile entrent dans l'orbitale pour former la nouvelle liaison.

• **Au niveau énergétique :**

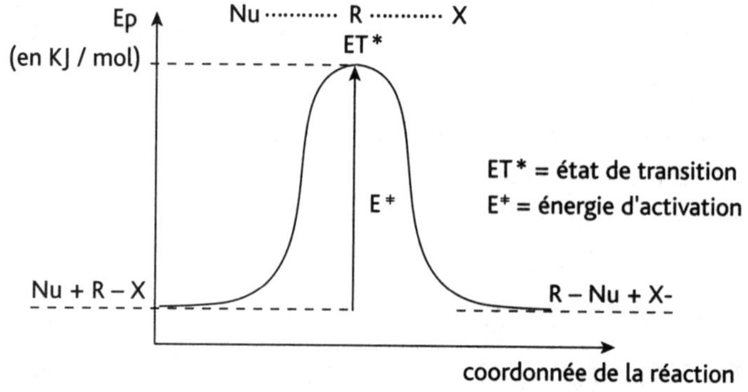

SN1	SN2
Favorisé par : • un dérivé halogéné tertiaire • un mauvais nucléophile • un bon nucléofuge • un solvant protique	Favorisé par : • un dérivé halogéné primaire peu ionisable • un bon nucléophile • un mauvais nucléofuge • un solvant aprotique

c) La substitution électrophile

Elle a lieu sur des composés de type aromatique substitués.
• Dans un premier temps l'électrophile interagit avec le composé aromatique pour former un complexe π.
• Puis fixation de l'électrophile avec apparition d'une charge positive sur le cycle.
• La délocalisation de la charge positive permet d'écrire 3 formes limites mettant en évidence les carbones légèrement électrophiles.
• Enfin stabilisation de l'espèce par élimination d'un proton pour retrouver l'aromaticité.

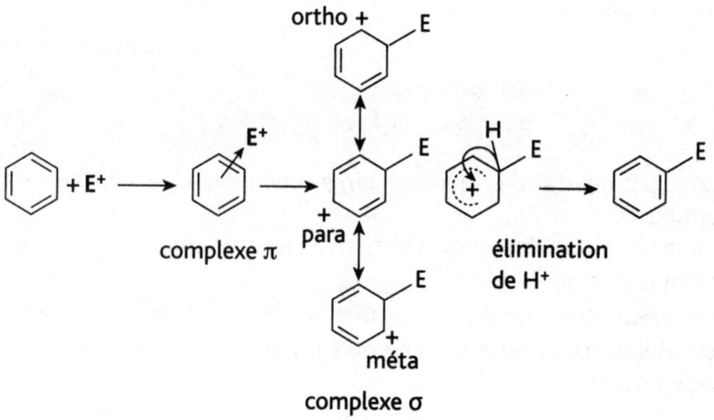

• **Halogénation :**

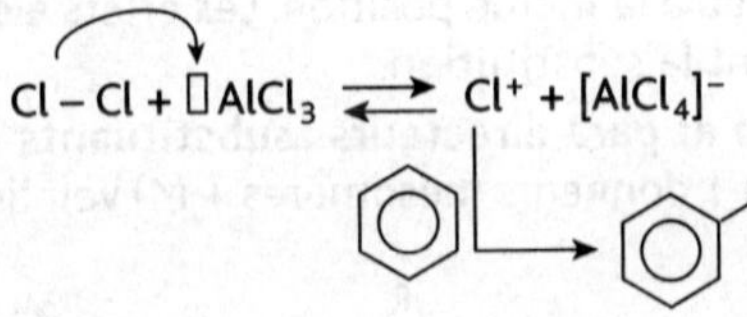

• **Nitration :**

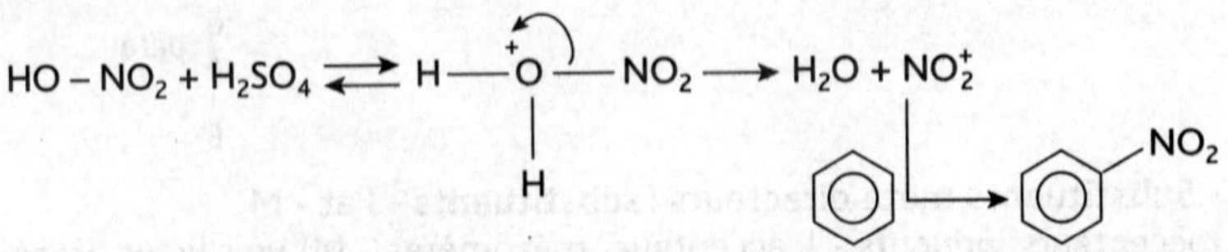

• **Alkylation de type Friedel et Craft :**

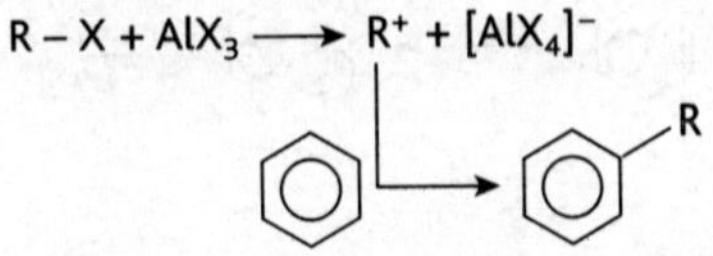

• **Autres alkylations :**

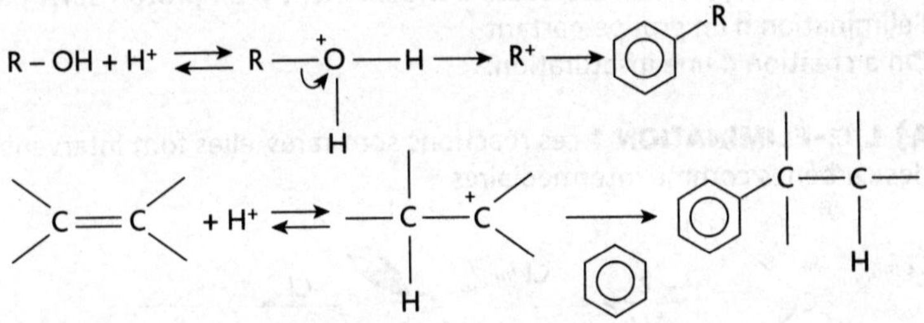

• **Acylation :**

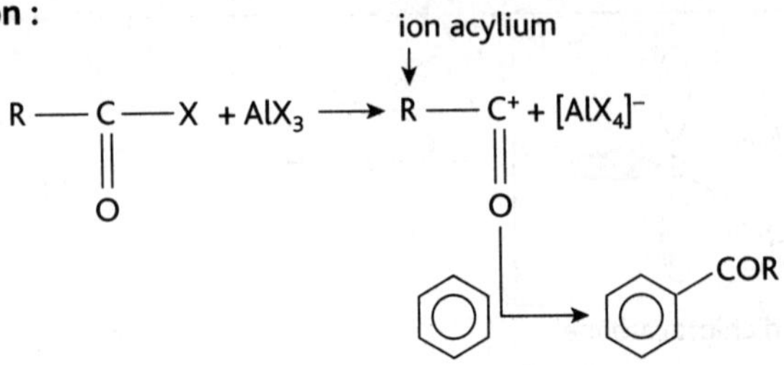

En fonction des substituants présents sur le cycle, la fixation de l'électrophile n'aura pas lieu à la même position. Les effets électroniques des substituants orientent la substitution.

• **Substituants ortho et para directeurs : substituants + I et + M** (donneurs inductifs + I, donneurs mésomères + M) voir listes précédents

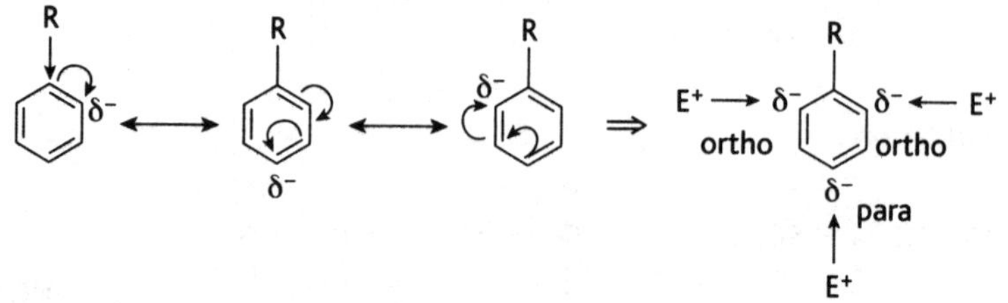

• **Substituants méta directeurs : substituants - I et - M** (accepteurs inductifs - I, accepteurs mésomères - M) voir listes précédentes.

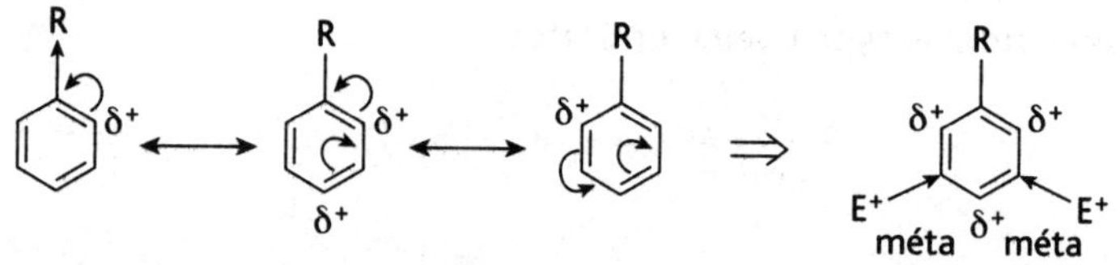

3. Les éliminations

Réaction catalysée par des bases : arrachement d'un proton suivi par l'élimination d'un groupe partant.
On a création d'une insaturation.

A) L'α-ÉLIMINATION : ces réactions sont rares, elles font intervenir des carbènes comme intermédiaires.

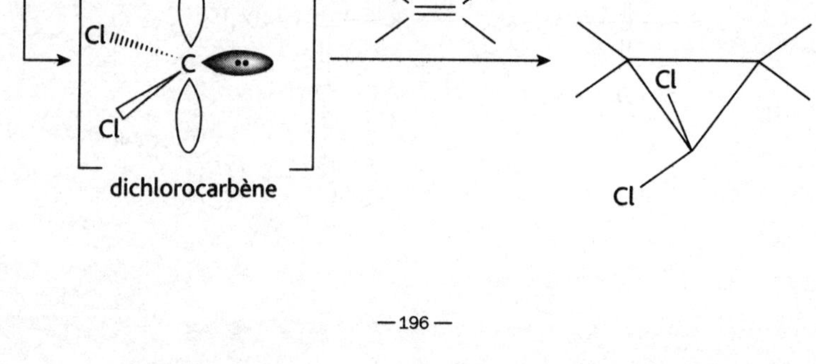

B) LA β-ÉLIMINATION : les bases fortes et les magnésiens déshydrohalogènes suivant la règle de **Zaitsev** (on obtient l'alcène le plus substitué).

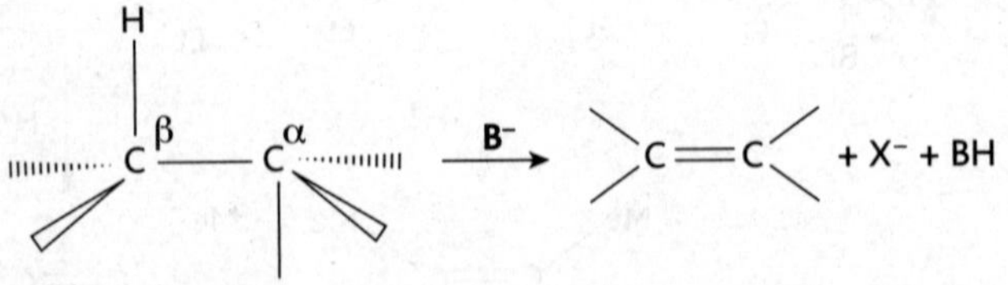

C) LA γ-ÉLIMINATION

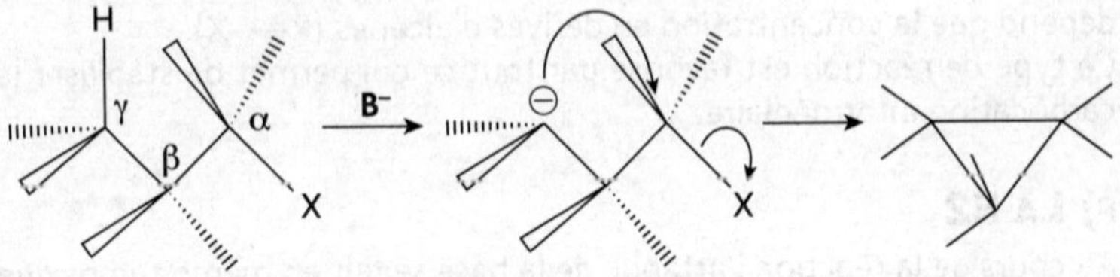

D) LA ε-ÉLIMINATION : rare. Réaction de cyclisation de Dieckman des ω-esters.

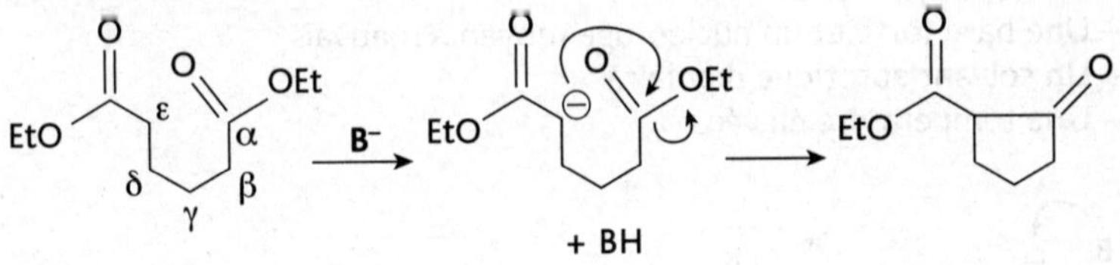

E) LA E1

C'est une réaction non stéréospécifique.

Elle est favorisée par :

- les effets donneurs + I et + M.
- Les nucléofuges forts.
- les solvants protiques.
- Les bases faibles.

Si le groupe nucléofuge s'élimine facilement, il y a ionisation : passage par l'intermédiaire d'un carbocation, d'où une libre rotation autour de la liaison C—C et on obtient un mélange des alcènes Z et E. Comme dans le cas de la SN1, le départ du nucléofuge est l'étape limitante de la réaction. L'arrachage du proton est rapide.

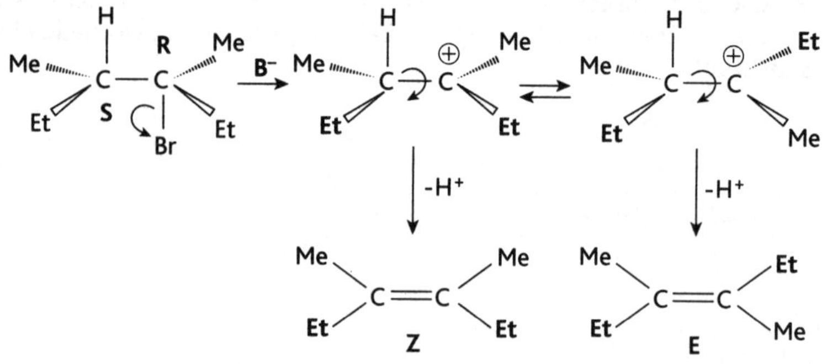

La cinétique est du premier ordre : la vitesse d'apparition de l'alcène ne dépend que la concentration en dérivés d'alcanes (R——X).
Ce type de réaction est favorisé par tout ce qui permet de stabiliser le carbocation intermédiaire.

F) La E2

Au cours de la réaction l'attaque de la base se fait en même temps que le départ du nucléofuge. C'est une réaction stéréospécifique.
Deux énantiomères conduisent à un même alcène.
Deux diastéréomères conduisent à deux alcènes diastéréoisomères.
La E2 est favorisée par :
- Un dérivé primaire
- Une base forte et un nucléofuge moyen à mauvais
- Un solvant aprotique dipolaire
- Une température élevée.

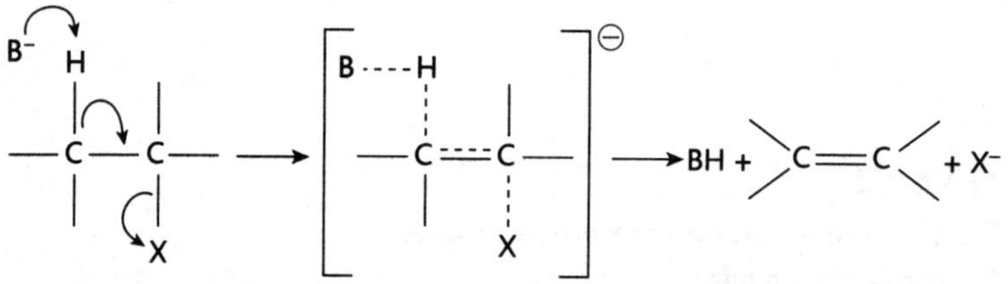

4. La régiosélectivité de l'élimination

L'élimination conduit le plus souvent à deux isomères de position.

A) Cas général d'un halogénure dissymétrique

Conditions E1 ou E2.

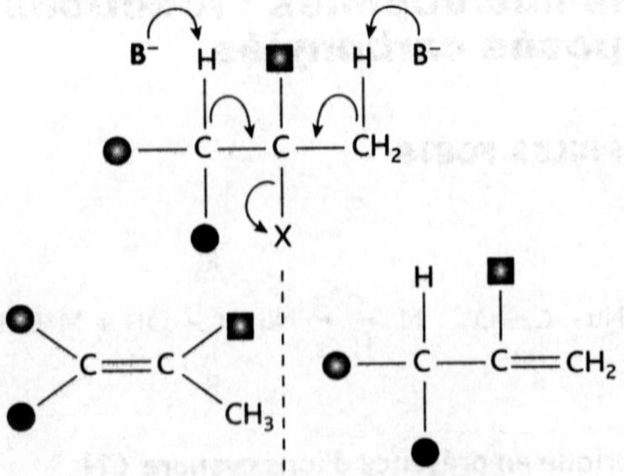

élimination de H sur le carbone le moins hydrogéné. Alcène ZAITSEV

élimination de H sur le carbone le plus hydrogéné. Alcène HOFMANN

La réaction est régiosélective en faveur du composé le plus stable.

b) Cas général des sels d'ammonium ou de sulfonium

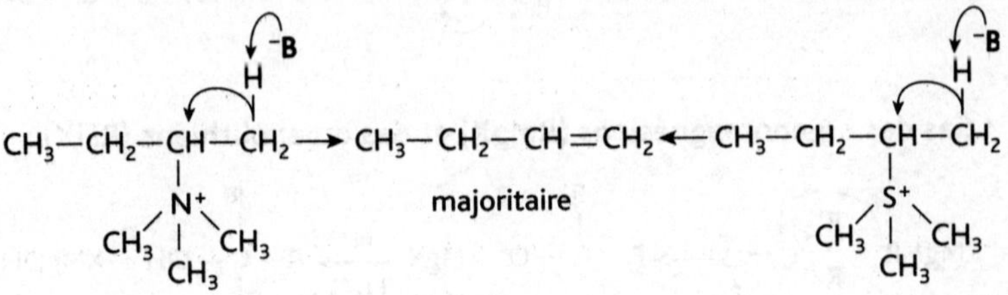

La régiosélectivité s'effectue en faveur du composé le moins stable mais qui est le plus facile à former cinétiquement : l'état de transition est le moins encombré.

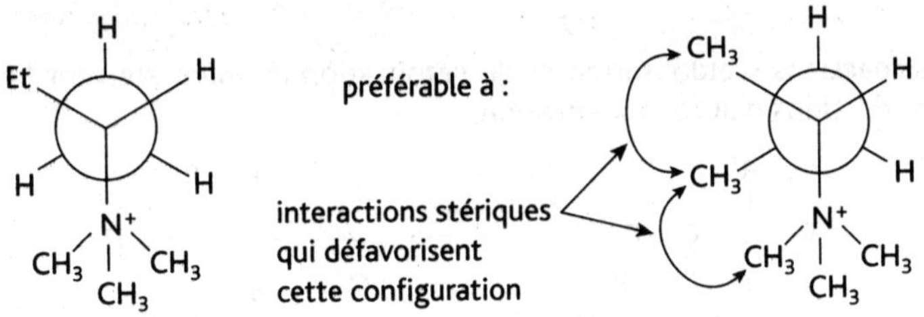

5. Les additions nucléophiles : réactions sur les composés carbonylés

A) Cas des nucléophiles forts

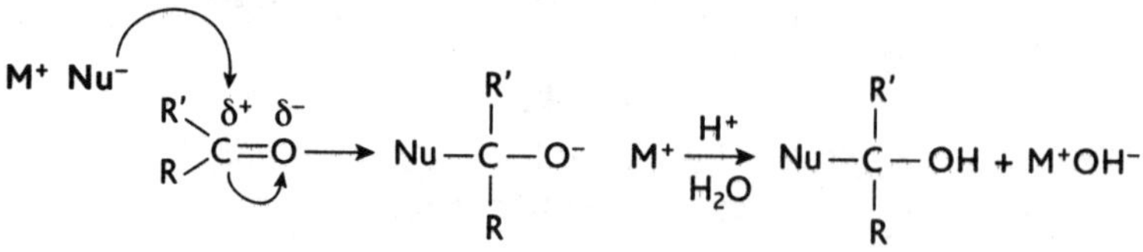

• Cas de l'acide cyanhydrique en présence d'ions cyanure CN^- (catalytique) :

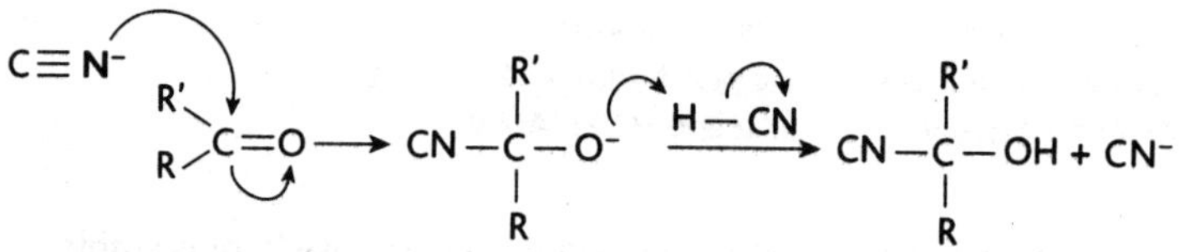

• Cas des acétylures :

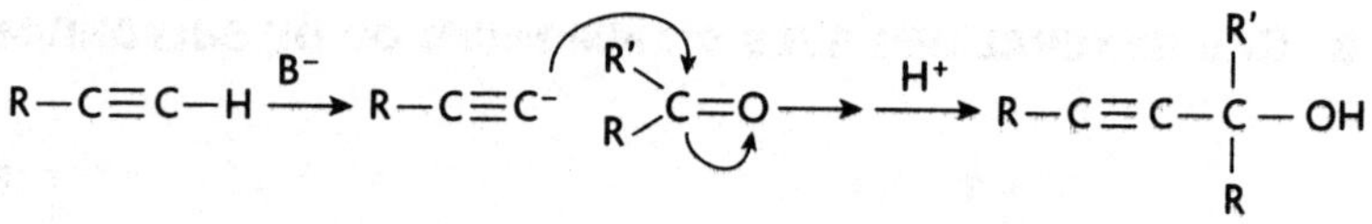

• Cas des organomagnésiens (RMgX) et des organolithiens (RLiX) :

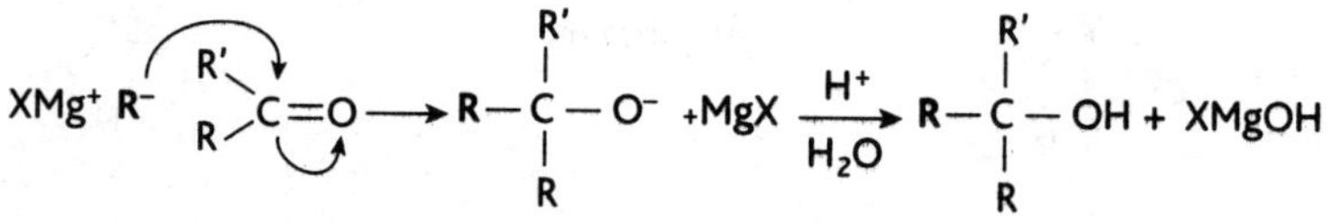

• Cas des carbanions mésomères :

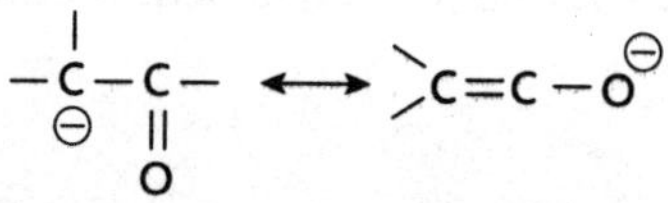

Les réactions d'aldolisation et de cétolisation donnent souvent lieu à des réactions d'autocondensation.

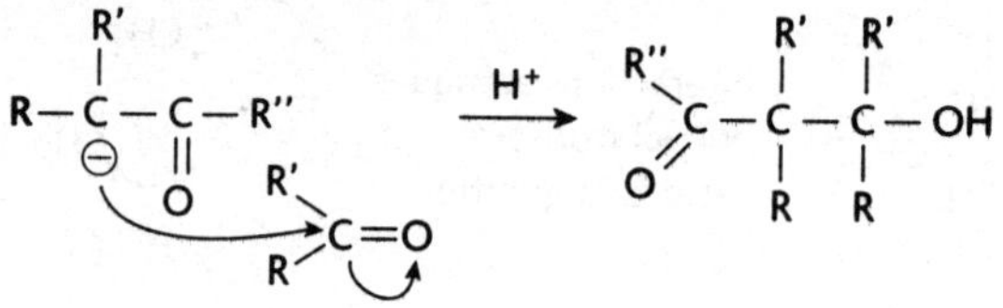

• **Cas des hydrures :**
$LiAlH_4$ et $NaBH_4$ sont des sources d'ions hydrures H^- qui réagissent suivant :

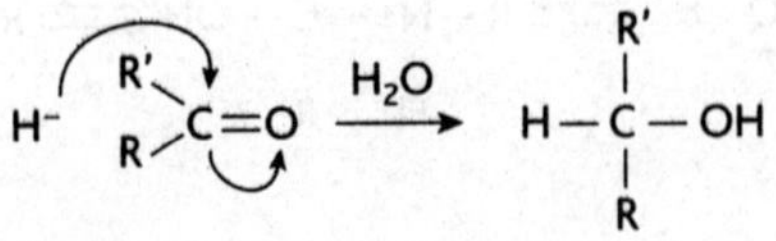

B) Cas des nucléophiles faibles

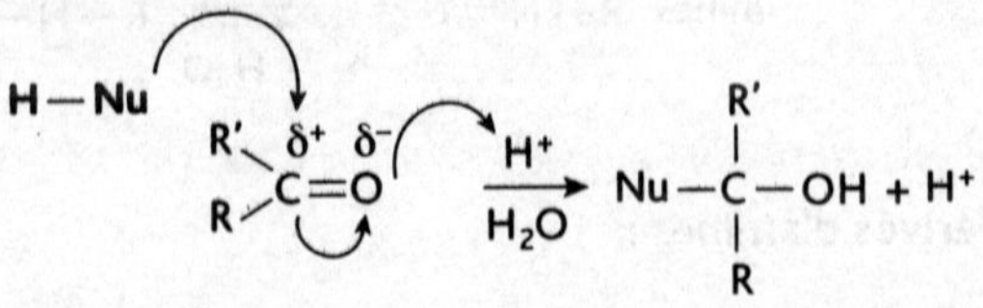

• **Cas de H_2O :**

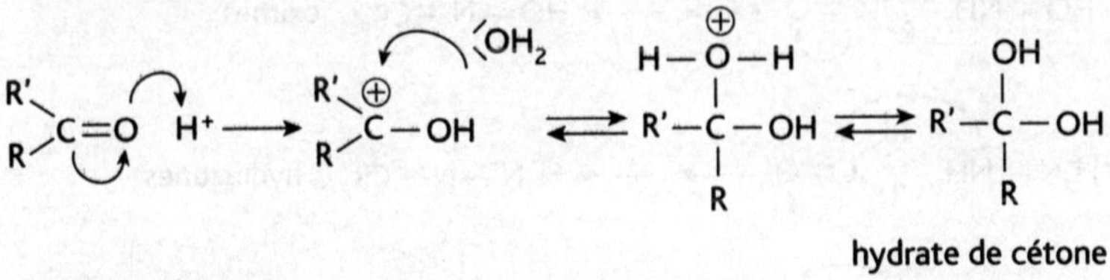

• **Cas des alcools :**
Catalyse acide en milieu anhydre.

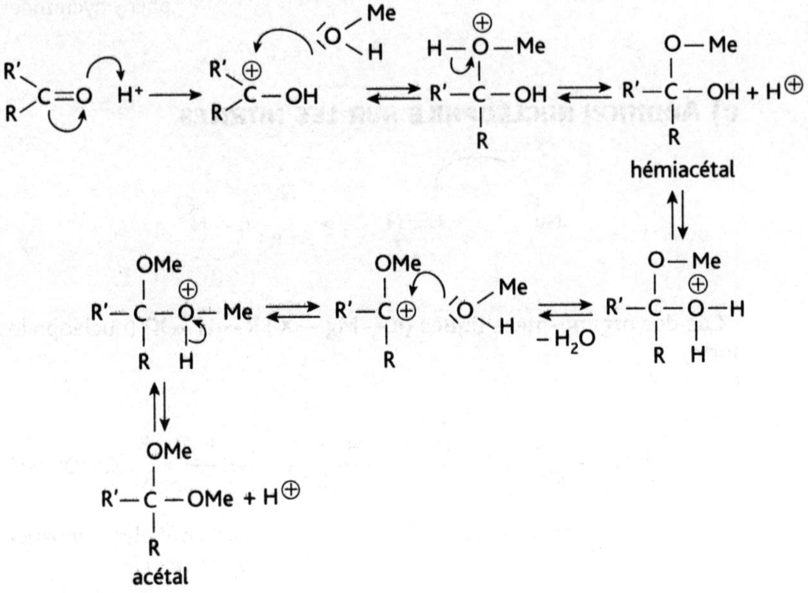

• **Cas des amines :**

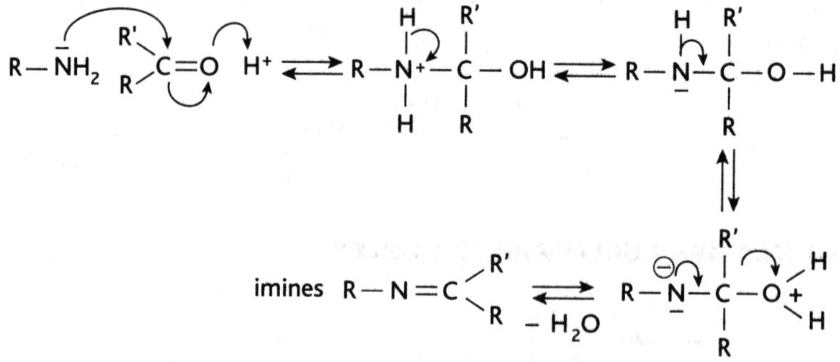

• **Cas des dérivés d'amines :**

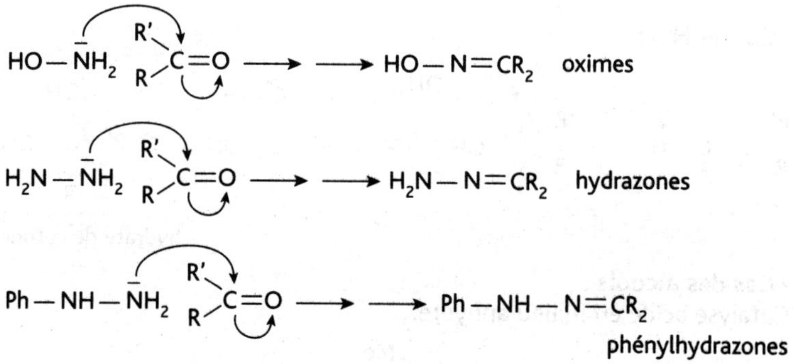

c) Addition nucléophile sur les nitriles

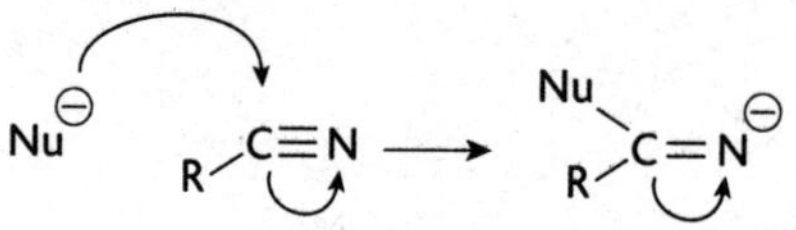

• **Cas des organo-métalliques (R—Mg—X ; R—Li—X)** (nucléophiles forts)

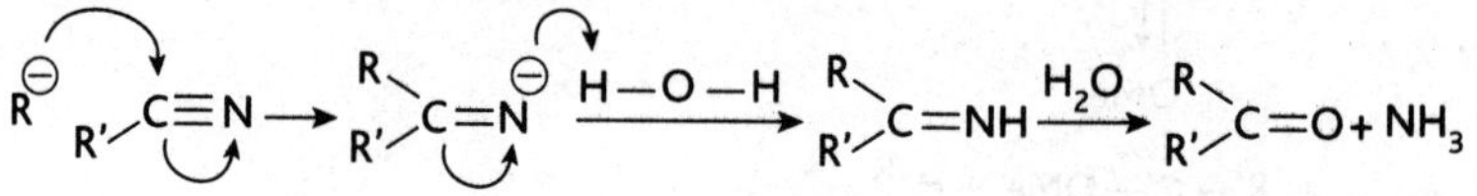

imine instable

après hydrolyse formation d'une cétone

• **Cas des alcools**
(nucléophiles faibles) l'addition est plus difficile que sur les composés carbonylés.

En présence d'acide fort : protonation totale.

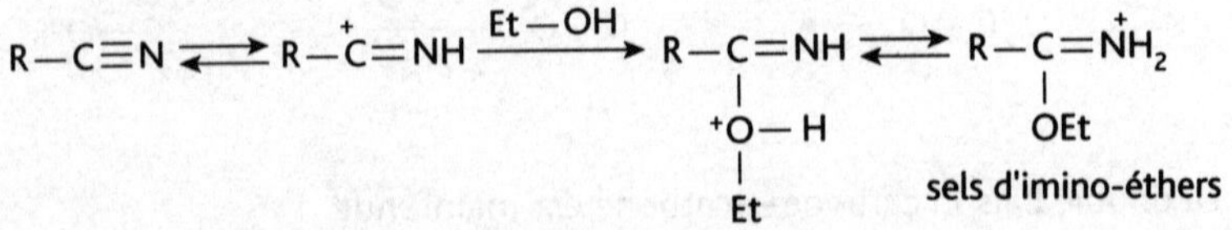

En présence d'acide faible : la protonation est incomplète.

$$R'—OH + H^+ \longrightarrow R'—\overset{+}{O}H_2 \longrightarrow R'^+ + H_2O$$

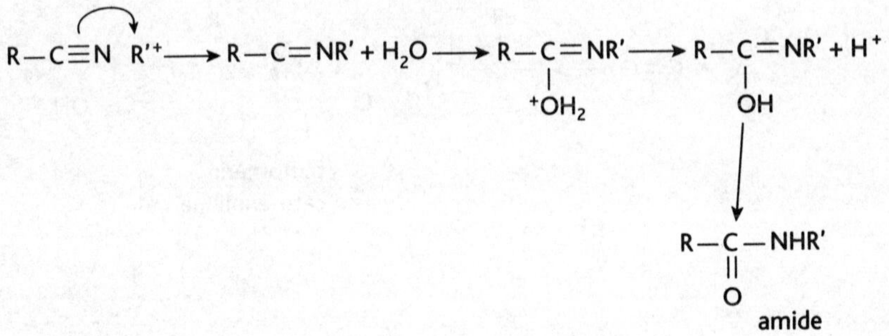

• **Cas de H_2O** : la catalyse peut être soit acide soit basique.

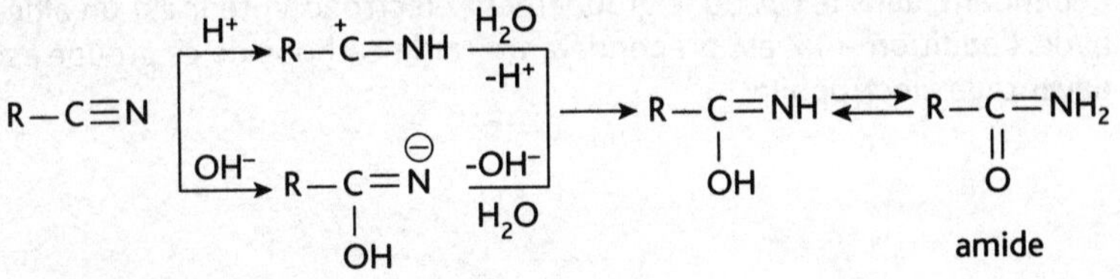

D) Addition nucléophile sur une double liaison activée

Si une double liaison carbone—carbone est conjuguée avec un groupe électroaccepteur son pôle terminal devient électrophile.
Il y a donc deux pôles de réactivité : le carbone terminal de la double liaison carbone—carbone et le carbone du groupe électroaccepteur : deux possibilités d'addition, en – 1, 2 ou en – 1, 4.
Exemples avec une énone conjuguée

• **Cas d'une addition - 1,2**

L'addition est indépendante de la double liaison.

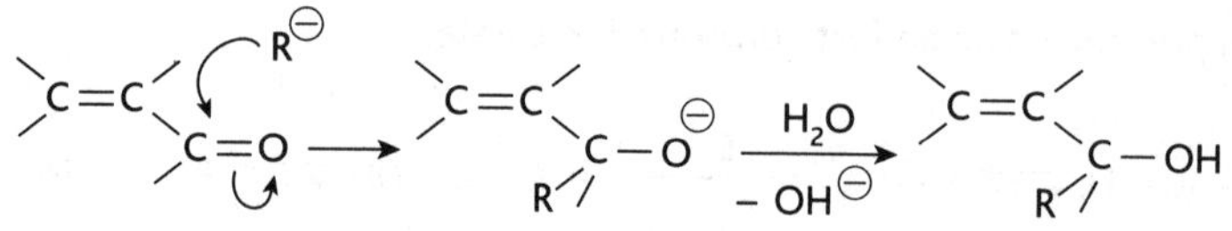

La double liaison carbone—carbone est maintenue.

• **Cas d'une addition – 1,4**

L'addition se passe sur l'ensemble du système conjugué.

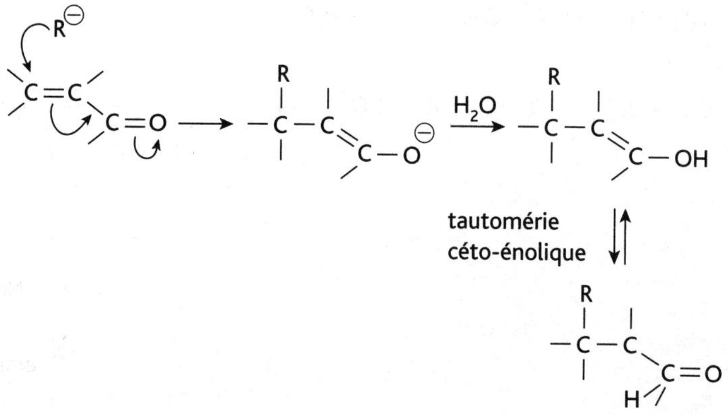

Le plus souvent il existe une compétition entre les deux additions. Cependant, dans le cas où le groupement électroaccepteur est un aldéhyde, l'addition – 1,2 est prépondérante car le carbone de ce groupe est davantage électrophile.

PARTIE XVIII

L'ÉTAT FLUIDE

1. États de la matière et changement d'état

A) Structures atomiques des différents états

La matière peut exister sous trois phases distinctes qui définissent deux états :

• **Phase solide** : elle définit l'état solide : les atomes ou molécules forment des structures ordonnées et sont reliés par des liaisons interatomiques fortes.

• **Phase liquide** : les atomes ou molécules sont dans un état désordonné, reliés par des liaisons faibles (Van der Waals, interactions hydrophobes...).

• **Phase gazeuse** : les atomes ou molécules sont dans un état désordonné et sont indépendants les uns des autres.

Ces deux dernières phases définissent *l'état fluide*.

Phase SOLIDE	Phase LIQUIDE	Phase GAZ
Phases condensées (pratiquement incompressibles) ~ 10 g/cm^3	~ 1 g/cm^3	Phase compressible ~ 10^{-3}g/cm^3
Structures atomiques ordonnées* (atomes localisés dans des réseaux cristallins) **ÉTAT SOLIDE**	Structures atomiques ordonnées* (déplacement des molécules) (structures non figées) **ÉTAT FLUIDE**	
Liaisons interatomiques fortes	Liaisons intermoléculaires (viscosité, tension superficielle)	Molécules pratiquement indépendantes (gaz réels, gaz parfaits)

• **Exceptions : les solides amorphes et les cristaux liquides.**

B) Nomenclature des changements de phase

Le passage d'une phase à une autre a lieu sous l'influence de la température et de la pression. L'agitation thermique s'oppose à l'influence ordonnatrice des forces interatomiques et intermoléculaires.

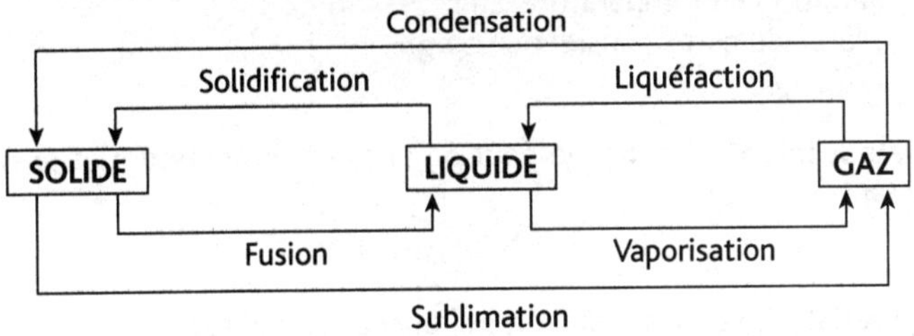

c) Les paramètres d'états (cf. thermodynamique)

• **Variables extensives** : volume (V) et masse (M). Elles dépendent de la quantité de matière considérée.

• **Variables intensives** : pression (P) et température (T). Ne dépendent pas de la quantité de matière considérée.

Pour une quantité de matière donnée l'équation d'état s'écrit $V = \mathbf{f}(\mathbf{P}, \mathbf{T})$. P et T sont les variables qui définissent l'état du système. Ainsi on peut tracer un diagramme d'état en fonction de P et T :

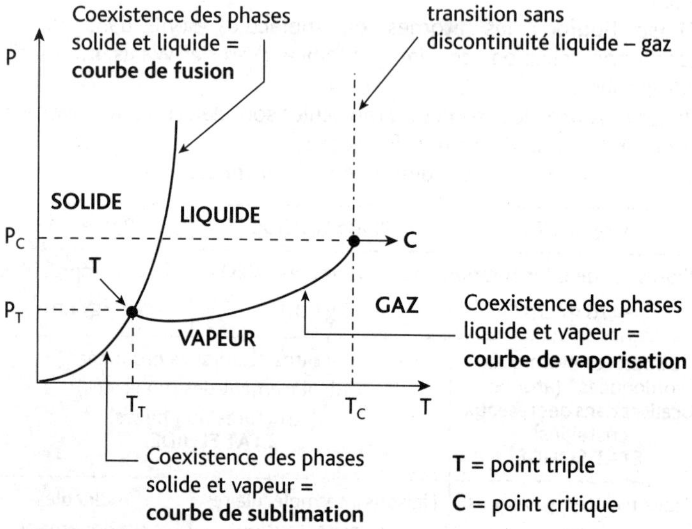

Au point triple il y a coexistence des trois phases.
Au point critique :
Si $P > P_C$ alors on a une continuité entre les phases liquide et gaz.
Si $T > T_C$ alors par simple compression on peut liquéfier le gaz.

• **Chaleur massique C** : se réfère au changement de température sans changement de phase.

$$\Delta Q = m \cdot C \cdot \Delta T$$

ΔQ : chaleur échangée avec le milieu extérieur.
ΔT : variation de température. En K°.
m : Masse du corps considéré. En Kg.

C en J/Kg · K

• **Chaleur latente L** : changement de phase à température et pression constantes.

$$\Delta Q = \Delta m \cdot L$$

Δm : variation de masse du corps changeant de phase.

L en J/Kg
L > 0 : fusion, vaporisation, sublimation.
L < 0 : solidification, liquéfaction, condensation.

2. Description macroscopique de l'état gazeux parfait

Le modèle du gaz parfait est un système gazeux caractérisé par :
– des molécules supposées ponctuelles, assimilées à des points matériels ;
– des forces d'interactions négligeables.
Il est constitué de molécules de dimension très faible devant la distance moyenne intermoléculaire.

Loin du point critique l'équation d'état s'écrit :

$$\boxed{P \cdot V = n \cdot R \cdot T = \frac{m}{M} R \cdot T}$$

n : nombre de moles de gaz.
R : constante des gaz parfaits
R = 8,32 J/mol · K

$$\Rightarrow \quad \frac{P \cdot V}{T} = n \cdot R = \text{constante} \quad \Rightarrow \quad \underset{\text{État 1}}{\frac{P1 \cdot V1}{T1}} = \underset{\text{État 2}}{\frac{P2 \cdot V2}{T2}}$$

• Ainsi à température constante on a : **(loi de Mariotte)**

$$\boxed{P \cdot V = \text{Constante}}$$

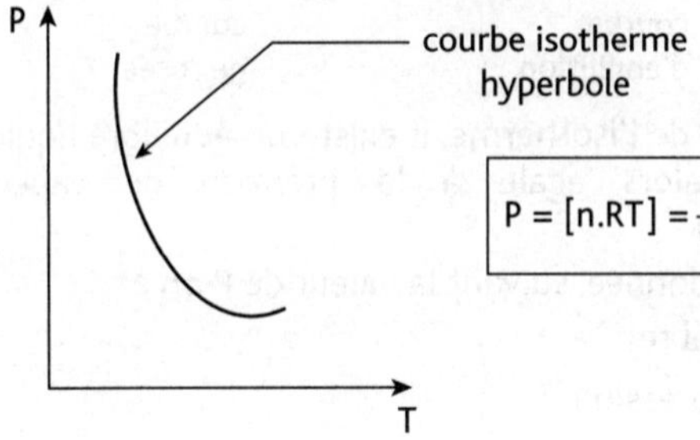

$$\boxed{P = [n.RT] = \frac{1}{V}}$$

• **Loi de Gay-Lussac :**
À pression constante, $V = V_0(1 + \alpha T)$
À volume constant, $P = P_0(1 + \alpha T)$
α est le coefficient de dilatation du gaz (cf. thermodynamique).

$$\boxed{\alpha = \frac{1}{V}\left(\frac{\partial V}{\partial P}\right)_V}$$

• **Loi d'Avogadro :**
Tous les gaz dans l'état gazeux parfait occupent, à pression et température données, un même volume :

Pour $T = 273\ K°$, $P = P_0 = 10^5$ Pa alors $V_0 =$ **22,4 litres pour une mole.**

• **Mélange de deux gaz à l'état gazeux parfait : Loi de Dalton.**
Lorsque l'on mélange deux gaz à l'état gazeux parfait, la pression totale du mélange est égale à la somme des pressions partielles (pression correspondant à l'occupation du volume total pour chacun des gaz).

3. Passage de l'état liquide à l'état gazeux

A) COEXISTENCE DES PHASES LIQUIDE ET VAPEUR ($P < P_C$ ET $T < T_C$).

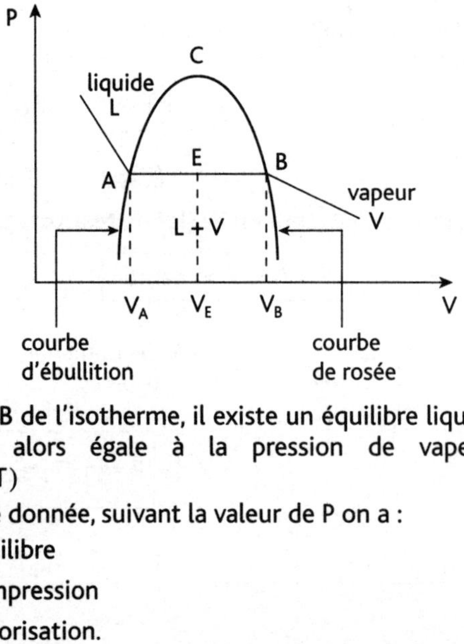

Sur la partie AB de l'isotherme, il existe un équilibre liquide-vapeur. La pression est alors égale à la pression de vapeur saturante $(P_S) \cdot P_S = f(T)$

À température donnée, suivant la valeur de P on a :

• $P = P_S$: équilibre
• $P > P_S$: compression
• $P < P_S$: vaporisation.

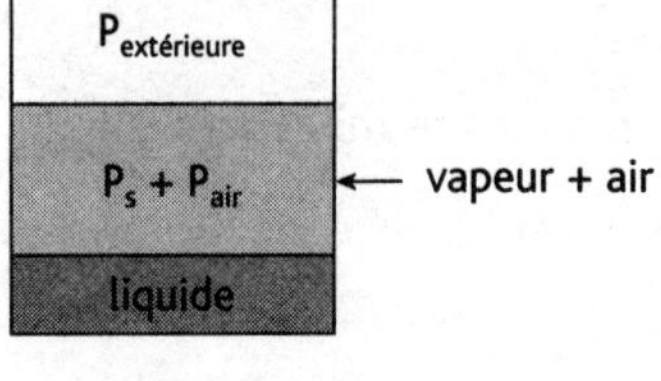

Si au-dessus du mélange on a un mélange entre P_S et P_{air}, alors l'équilibre liquide-vapeur est réalisé lorsque la pression extérieure $P_{ext} = P_S + P_{air}$.
P_S intervient alors en tant que pression partielle.

B) CONTINUITÉ DE L'ÉTAT LIQUIDE ET DE L'ÉTAT GAZEUX ($P > P_C$ ET $T > T_C$).

On peut passer de l'état liquide à l'état gazeux :
– soit en passant de manière continue de la phase liquide à la phase gaz en contournant le point critique ;
– soit en observant la coexistence des deux phases si l'on est à $P < P_C$ et $T < T_C$.
Il est donc possible de vérifier expérimentalement la validité du concept d'un état fluide dont les propriétés varient de façon continue.

4. Phénomènes de surface

A) TENSION SUPERFICIELLE DE SURFACE

• **Origine** : les molécules du liquide sont attirées vers l'extérieur perpendiculaire à la surface. La couche la plus superficielle du liquide est donc tendue.
Si on considère l'élément de surface (dl) d'un liquide on a :

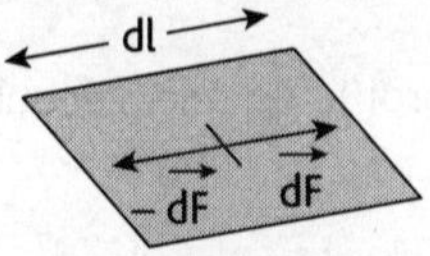

$$dF = \gamma \cdot dl$$

γ : Constante de tension superficielle. En N/m.

dF est un vecteur tangent à la surface du liquide. (Pour une lame liquide : $dF = 2\gamma\, dl$.)

• **Compression du liquide par les forces de tension superficielle**

Surface sphérique :

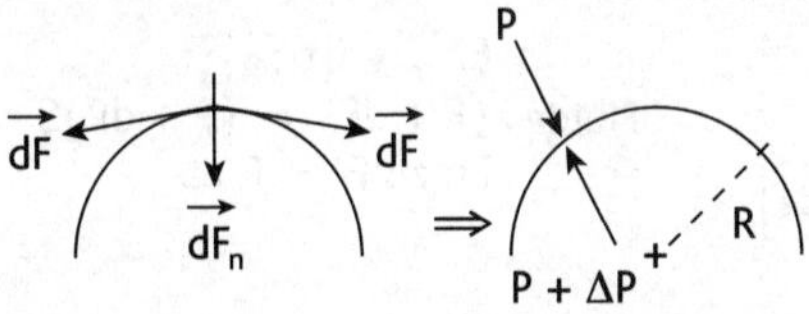

La force de compression du liquide $\vec{df_n}$ compensée par la force de surpression $\vec{\Delta P}$ induite par les forces de tension superficielle.

Loi de Laplace :

$$\Delta P = \frac{2 \cdot \gamma}{R}$$

Surface plane : $R = \infty \Rightarrow$ il n'y a pas de compression du liquide.

• À la tension superficielle est associée une **énergie potentielle de surface** notée :

$$dW = \gamma\, dS$$

W est minimale pour S minimum donc pour la sphère.

5. Hydrostatique (fluide au repos)

A) Les forces de pressions

• **Pression exercée par le liquide sur la paroi d'un récipient :**

La notion de pression se déduit de la notion de force aussitôt qu'une surface d'application est définie pour cette force.

La pression est la projection de la force par unité de surface sur la normale orientée de la surface.

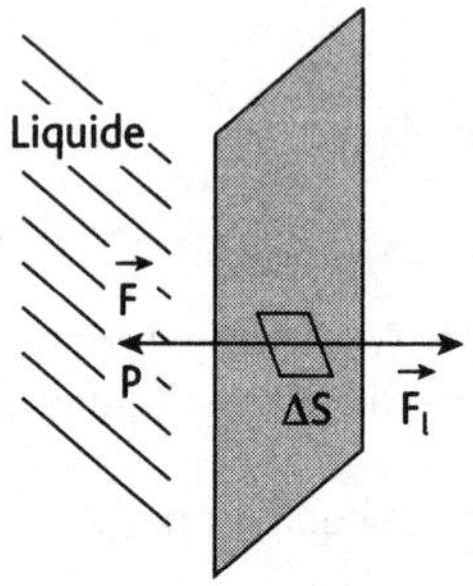

$$\vec{F_l} = -\vec{F_P}$$

$$|\vec{F_l}| = F_N \text{ normale à } \Delta S$$

$$\boxed{P = \frac{dF_N}{dS} = \lim_{\Delta S \to 0} \frac{\Delta F_N}{\Delta S}}$$

Conséquence : en présence d'un trou dans la paroi le liquide s'écoule normalement à la surface.

• **Pression du liquide sur lui-même :**

Soit un point M du liquide. La pression est une grandeur scalaire qui permet de caractériser la force s'exerçant en M normalement à la surface orientée.

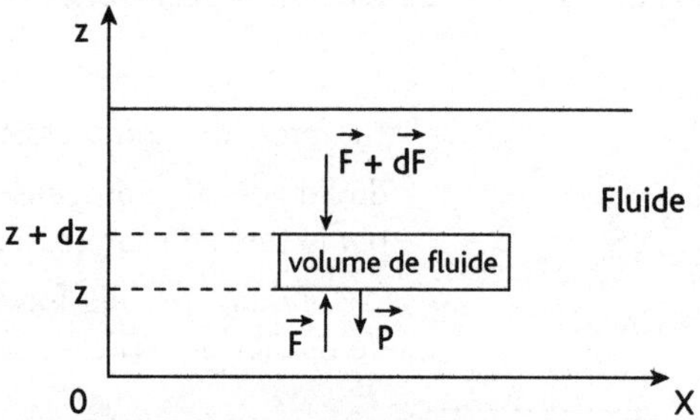

Fluide En $z + dz$: $(F + dF) = (P + dP)S$

En $z : F = P \cdot S$

À l'équilibre : la somme des forces est égale à zéro. Les forces horizontales s'annulent deux à deux.

En projetant suivant l'axe vertical (Oz) on trouve :

$-(P + dP)S - \rho g\, \delta dz + PS = 0$

d'où la loi donnant les variations de pressions locales :

$$\boxed{\frac{dP}{dz} = -\rho g}$$

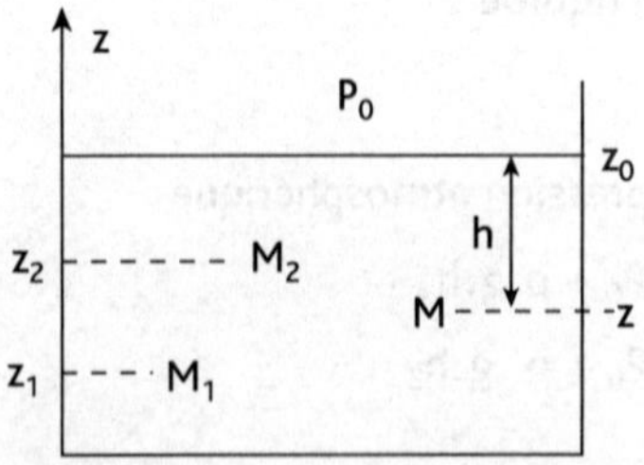

$$dP = -\rho \cdot g \cdot dz$$

$$P = \int -\rho \cdot g \cdot dz = -\rho \cdot g \cdot z + Cte$$

- liquide homogène : $\rho = Cte$
- pour Δz raisonnable : $g = Cte$

Entre les deux points M_2 et M_1 :

$$P_2 - P_1 = -\rho \cdot g \int_{Z_1}^{Z_2} dz = -\rho \cdot g \cdot (Z_2 - Z_1)$$

Entre un point M et l'origine : $P - P_0 = -\rho \cdot g \cdot (Z - Z_0)$

$$\Rightarrow \quad \boxed{P(h) = P_0 + \rho \cdot g \cdot z}$$

La pression en un point du liquide ne dépend que de la hauteur de liquide située au dessus de ce point.

B) PRINCIPE DE PASCAL : Dans un fluide incompressible, les variations locales de pression se transmettent en tout sens et en tout point.

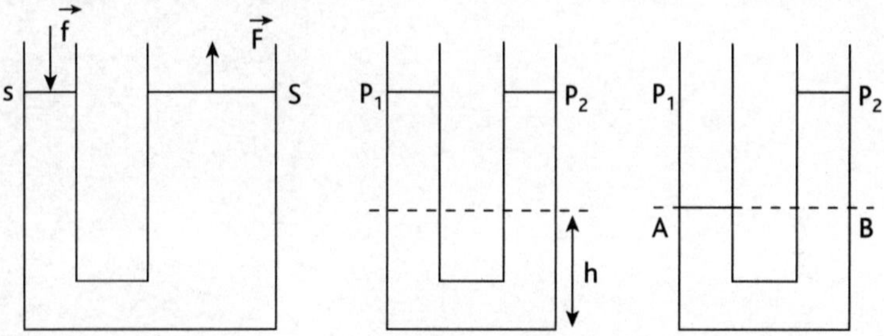

$P = \dfrac{f}{s} = \dfrac{F}{S}$

$F = f\,\dfrac{S}{s}$

À la même altitude
$P_1 = P_2$
$\Delta P = \rho.g.h = 0$

$z_A = z_B$
$P_A = P_B$
$P_A = P_1$
$P_B = P_2 + \rho.g.h$

$$\boxed{P_1 - P_2 = \rho.g.h}$$

• **Mesure de la masse volumique d'un liquide :**
Cas de deux liquides non miscibles

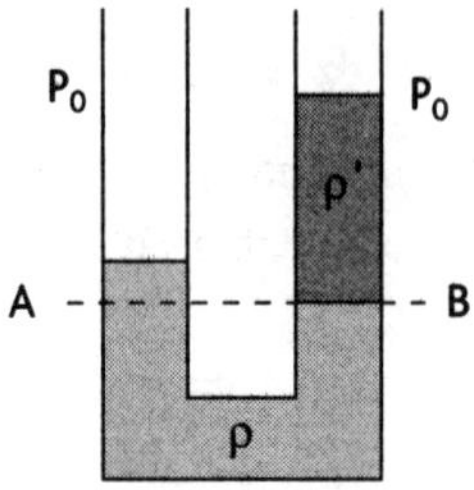

P_0 = pression atmosphérique

$P_A = P_0 + \rho.g.h_A$

$P_B = P_0 + \rho'.g.h_B$

$$\rho.g.h_A = \rho'.g.h_B \Rightarrow \frac{h_A}{h_B} = \frac{\rho'}{\rho}$$

• si $h_A > h_B$ alors $\rho' > \rho$

• si $\rho = \rho_{eau}$ alors $\frac{\rho'}{\rho}$ = densité

c) PRINCIPE D'ARCHIMÈDE

Tout corps plongé dans un liquide subit une poussée vers le haut égale au poids de liquide déplacé et appliquée au centre de gravité de ce liquide.
δF est la poussée d'Archimède, elle est exercée vers le haut. À l'équilibre cette poussée compense le poids de l'élément de volume δV.
δF ne varie pas si l'élément de fluide de volume δV est remplacé par un solide de même force.

PARTIE XIX

LES ONDES ÉLASTIQUES

1. Définitions

• Les ondes élastiques sont des ondes qui nécessitent un milieu matériel élastique pour se propager : il faut la création d'un état de mouvement de la matière.

Exemples : sons ou ultrasons dans un gaz, un liquide ou un solide, ébranlement d'une corde ou d'un ressort.

• **Leur domaine de fréquence** est $\sim 1\,\text{Hz} < N < 6\,10^8\,\text{Hz}$ (ultrasons).

• **La vitesse de propagation :** elle ne dépend que du milieu si celui-ci est homogène et isotrope (le milieu possède les mêmes propriétés en tout point et dans toutes les directions).

Elle peut varier de $1\,\text{m/s} < V < 10^4\,\text{m/s}$ (vitesse des ondes sonores dans les métaux).

Dans un milieu homogène parfaitement élastique :

$$V \propto \sqrt{\frac{\text{grandeur caractérisant la rigidité}}{\text{grandeur caractérisant l'inertie}}}$$

• Les ondes élastiques peuvent être longitudinales ou transversales.

2. Propagation des ondes

A) Les ondes longitudinales

Dans ce cas la perturbation est parallèle à la direction de propagation.

• **Propagation d'ondes longitudinales dans une colonne de gaz.**
Exemple la propagation des sons : dans ce cas la vitesse s'écrit :

$$V = \sqrt{\gamma \cdot \frac{P_0}{\rho} \cdot (1 + \alpha \cdot T)}$$

$\gamma = \dfrac{Cp}{Cv}$ rapport des chaleurs spécifiques à pression et volume constant.

Cas d'un **gaz diatomique** γ = **1,4**

P_0 = pression normale 10^5Pa

ρ = masse volumique du gaz

α = coefficient de dilatation du gaz $\alpha = T\left(\dfrac{\partial P}{\partial T}\right)_V$

T = température

• **Propagation du son dans un barreau solide :**

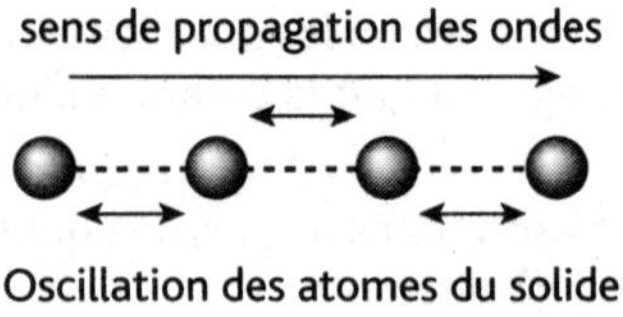

$$V = \sqrt{\frac{E}{\rho}}$$

E = module d'Young
ρ = masse volumique du solide.

• **Propagation dans un liquide**

$$V = \sqrt{\frac{1}{K \cdot \rho}}$$

K = compressibilité du liquide
ρ = masse volumique du liquide.

B) LES ONDES TRANSVERSALES

La perturbation est perpendiculaire à la direction de propagation.
Exemple : cas d'une corde vibrante : une corde est reliée à un vibreur (source émettrice de l'onde).
L'onde se propage le long du rayon d'onde x'x.

Paramètres de l'onde progressive :

• La période temporelle N :

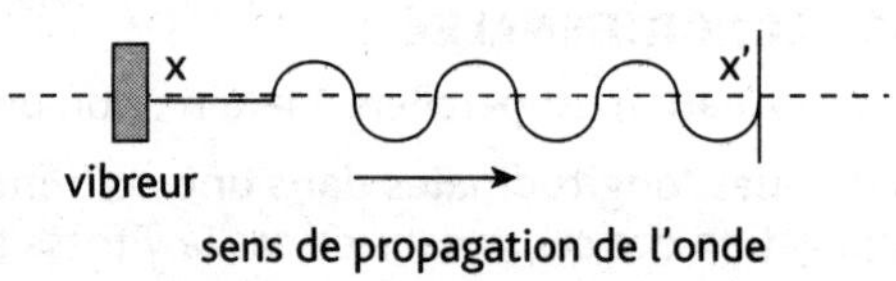

$$N = \frac{1}{T}$$

T = période temporelle, en s
N = fréquence de l'onde, en Hz

• La longueur d'onde (λ) est la distance séparant deux crêtes successives :

$$\lambda = V \cdot T$$

λ en m
V en m/s
T en s

• La vitesse est donnée par :

$$V = \sqrt{\frac{F}{\mu}}$$

F = tension de la corde
μ = masse par unité de longueur

• Expression de la grandeur caractéristique :

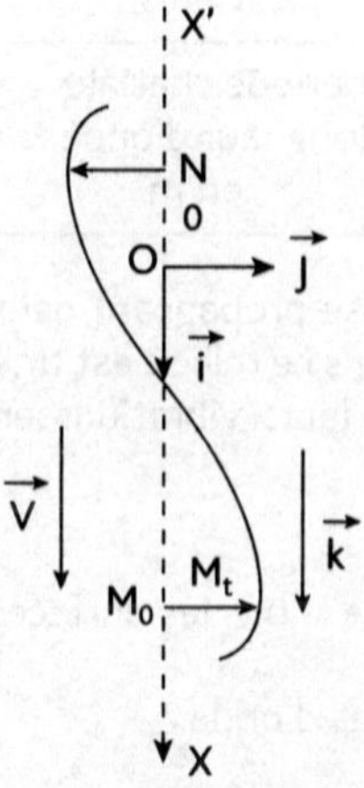

• élongation d'un point de la corde :

– corde au repos : M en M_0

– corde parcourue par l'onde : à t M en M_t

Dans la base $(O, \vec{i}, \vec{j})$ l'élongation vectorielle est :

$$\overrightarrow{M_0M_t} = u\vec{j} \quad (u \text{ en m})$$

u est la grandeur caractéristique de l'onde = élongation.

• O est une origine sur le rayon d'onde XX'. Le point de corde qui est au même niveau que O a un mouvement vibratoire horizontal. À t l'élongation de ce point est $u_0 = f(t)$.

• M est un point d'abscisse $x = \overline{OM_0}$ (positive). Pour aller de O à M l'onde met le temps τ (retard).

$$\tau = \frac{x}{V} = \frac{x}{V}$$

$$u_M \text{ à } t = u_0 \text{ à } (t-\tau) \Rightarrow u_M = f(t-\tau) = f\left(t-\frac{x}{V}\right)$$

• N point d'abscisse négative : $\tau = \frac{|x|}{V} = \frac{-x}{V}$

$$u_N \text{ à } t = u_0 \text{ à } (t+\tau) \Rightarrow u_N = f(t+\tau) = f\left(t-\frac{x}{V}\right)$$

Expression générale : $\boxed{u = f\left(t-\frac{x}{V}\right)}$

c) Onde progressive sinusoïdale

Soit une onde progressive sinusoïdale le long d'un rayon d'onde Ox, de pulsation ω et de vecteur d'onde k :

En O : $u = A\cos(\omega t - \varphi)$

En M, d'abscisse x, mesuré sur le rayon d'onde Ox =

$$u = A\cos\left[\omega\left(t-\frac{x}{V}\right)-\varphi\right] = A\cos\left(\omega t - \frac{\omega}{V}x - \varphi\right)$$

• Le vecteur d'onde : $\vec{k} = \frac{\omega}{V}\vec{i}$ de module $k = \frac{\omega}{V} = \frac{2\pi}{T \cdot V} = \frac{2\pi}{\lambda}$

En tout point du rayon d'onde :

$\boxed{u = A\cos(\omega t - \bar{k}x - \varphi)}$

k et V sont de même direction et de même sens.

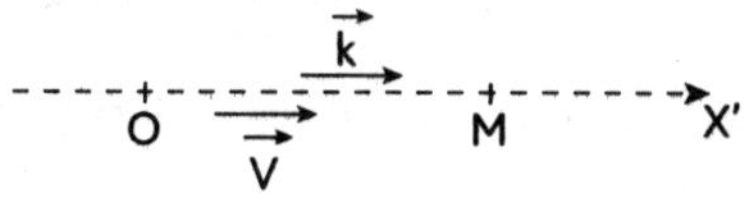

paramètres temporels	pulsation temporelle ω en rad/s	$\omega = \frac{2\pi}{T}$	période temporelle T en s
paramètres spatiaux	pulsation spatiale k en rad/m	$k = \frac{2\pi}{\lambda}$	période spatiale = longueur d'onde λ en m

Si l'on considère une onde progressive sinusoïdale se propageant dans un milieu à trois dimensions, une surface fixe, Σ, dans ce milieu **est une surface d'onde** lorsque tous les points de Σ ont leurs vibrations en phase.

• **Ondes sphériques :**

Si la source est ponctuelle et le milieu homogène alors les surfaces d'onde sont sphériques.
Les rayons d'onde sont perpendiculaires aux surfaces d'onde.

• **Ondes planes :**

Si les surfaces d'ondes $\Sigma_1 \Sigma_2$... sont suffisamment loin de la source et peu étendues, on peut les assimiler à des portions de plans. Ce sont des ondes quasi-planes.

Les surfaces d'onde sont appelés plans d'onde. Les rayons d'onde perpendiculaires aux plans d'onde sont parallèles entre eux.

Le vecteur d'onde est perpendiculaire aux plans d'onde.

Dans un milieu homogène, tous les plans d'onde distants d'une ou de plusieurs longueurs d'onde sont des plans d'onde équiphases : tous les points du plan d'onde considéré sont en phase.

3. Les ondes stationnaires

A) DÉFINITION :

Deux ondes de même nature, se propagent suivant la même direction, mais en sens contraire. Ces deux ondes sont caractérisées par la même grandeur vibratoire u.
Si la mesure de u nécessite un vecteur unitaire, ce vecteur est le même pour les deux ondes.
Si ces deux ondes sont sinusoïdales, de même amplitude A, de même pulsation ω, par conséquent la longueur d'onde est la même et :

$$k_1 = k_2 = \frac{2\pi}{\lambda}$$

Ces deux ondes progressives interfèrent pour former une onde stationnaire.

B) EXPRESSION DE LA GRANDEUR CARACTÉRISTIQUE

On choisit sur le rayon d'onde, commun aux deux ondes, un sens positif (ici k_1 : le vecteur d'onde 1) et une origine O.

• **Pour l'onde 1 :**

En O : $u_1 = A\cos(\omega t - \varphi_1)$.
En un point quelconque de Ox : $u_1 = A\cos(\omega t - \overline{k}_1 x - \varphi_1)$.

Puisque $\overline{k}_1 > 0$, $\overline{k}_1 = \dfrac{2\pi}{\lambda} = k$ d'où : $u_1 = A\cos(\omega t - kx - \varphi_1)$

• **Pour l'onde 2 :**

Le vecteur d'onde est k_2.
En O : $u_2 = A\cos(\omega t - \varphi_2)$
En un point quelconque de Ox : $u_2 = A\cos(\omega t - \overline{k}_2 x - \varphi_2)$.

Puisque $\overline{k}_2 < 0$, $\overline{k}_2 = -\dfrac{2\pi}{\lambda} = -k$ d'où : $u_2 = A\cos(\omega t - kx - \varphi_2)$

• **Interférences :**

Les ondes 1 et 2 interfèrent. En chaque point de Ox, si l'amplitude A n'est pas trop grande, u_1 et u_2 s'ajoutent. La grandeur vibratoire résultante est donc :

$$u = u_1 + u_2 \quad \Rightarrow \quad u = A\cos(\omega t - kx - \varphi_1) + A\cos(\omega t + kx - \varphi_2)$$

$$u = 2A\cos\frac{1}{2}(\omega t - \varphi_1 - \varphi_2)\cos\frac{1}{2}(-2kx - \varphi_1 + \varphi_2)$$

$$u = 2A\cos\left(\omega x + \frac{\varphi_1 - \varphi_2}{2}\right)\cos\left(\omega t - \frac{\varphi_1 + \varphi_2}{2}\right)$$

En posant $\alpha = \dfrac{\varphi_1 - \varphi_2}{2}$ et $\varphi = \dfrac{\varphi_1 + \varphi_2}{2}$

$$\boxed{u = 2A\cos(kx - \alpha)\cos(\omega t - \varphi)}$$

C) L'AMPLITUDE

Soit u une fonction sinusoïdale de x et de t.
Pour un point M d'abscisse x déterminé on pose $B = 2A\,|\cos(kx - \alpha)|$
Si $\cos(kx - \alpha) > 0$ alors $u = B\cos(\omega t - \varphi)$
Si $\cos(kx - \alpha) < 0$ alors $u = -B\cos(\omega t - \varphi)$

$$\mathbf{u = B\cos(\omega t - \varphi + \pi)}$$

Dans les deux cas l'amplitude vibratoire en M est B, par extension B est aussi appelée l'amplitude de l'onde stationnaire, elle est fonction de x, on la note parfois $B(x)$.

• **Points d'amplitude maximale : les ventres**

B est maximal $\Leftrightarrow |\cos(kx - \alpha)| = 1$.
$\Leftrightarrow \cos(kx - \alpha) = \pm 1 \Leftrightarrow kx - \alpha = n\pi \quad (n \in \mathbb{Z})$
$\Leftrightarrow x = \dfrac{n\pi}{k} + \dfrac{\alpha}{k} \Leftrightarrow x = \dfrac{\lambda}{2} + \dfrac{\alpha}{k} \quad (n \in \mathbb{Z})$

Les ventres sont donc espacés d'une demi-longueur d'onde.
En un ventre $B = Av = 2A$.

• **Points d'amplitude minimale : les nœuds.**

B est minimal $\Leftrightarrow |\cos(kx - \alpha)| = 0$.

$$\Leftrightarrow kx - \alpha = \frac{\pi}{2} + n'\pi \quad (n' \in \mathbb{Z})$$

$$\Leftrightarrow x = \frac{\pi}{2k} + \frac{n'\pi}{k} + \frac{\alpha}{k} \Leftrightarrow x = \frac{\lambda}{4} + n'\frac{\lambda}{2} + \frac{\alpha}{k} \quad (n' \in \mathbb{Z})$$

Les nœuds sont espacés d'une demi-longueur d'onde et en un nœud l'amplitude est nulle.

Entre le ventre pour lequel $n = 0$ et le nœud pour lequel $n' = 0$ la distance est d'un quart de longueur d'onde.

D) La phase de l'onde stationnaire

Nous avons vu que lorsque $\cos(kx - \alpha) > 0$, $u = B\cos(\omega t - \varphi)$, la phase est donc $(\omega t - \varphi)$.

Lorsque $\cos(kx - \alpha) < 0$, $u = B\cos(\omega t - \varphi + \pi)$, la phase est alors $(\omega t - \varphi + \pi)$. Dans chaque cas, la phase ne dépend pas de x : elle est stationnaire, contrairement à la phase d'une onde progressive. Lorsque x croît, $\cos(kx - \alpha)$ s'annule en changeant de signe chaque fois que l'on rencontre un nœud.

Par suite, entre deux nœuds successifs, $\cos(kx - \alpha)$ garde le même signe, tous les points situés entre ces deux nœuds ont la même phase : ils vibrent en concordance de phase.

De part et d'autre d'un nœud, $\cos(kx - \alpha)$ changeant de signe, les phases sont $(\omega t - \varphi)$ et $(\omega t - \varphi + \pi)$.

Donc, deux points situés de part et d'autre d'un nœud vibrent en opposition de phase.

E) Conclusion

Soit une onde stationnaire sinusoïdale de pulsation ω, de longueur d'onde λ, établie le long d'un axe Ox. Deux ventres ou deux nœuds sont distants d'une ou de plusieurs demi-longueurs d'onde.
La grandeur caractéristique est :

$$\boxed{u = Av\cos(kx - \alpha) \cdot \cos(\omega t - \varphi)}$$

Av est l'amplitude aux ventres, α dépend du choix de l'origine des espaces O, φ dépend du choix de l'origine des temps.

Si l'onde stationnaire résulte de l'interférence de deux ondes sinusoïdales se propageant en sens inverse de même amplitude A, alors :

$$Av = 2A.$$

4. Onde stationnaire limitée d'un côté

A) Exemple : le haut-parleur

Un haut-parleur envoie un son incident contre un mur.
Si le haut-parleur est de dimension suffisamment petite il ne perturbe pas l'onde réfléchie. L'interférence entre l'onde incidente et l'onde réfléchie produit une onde stationnaire. Bien entendu, cette onde est limitée, à droite, par le mur. En déplaçant un microphone M le long de la droite SP, on peut détecter la présence de ventres (l'amplitude de la sinusoïde sur l'écran est maximale) et de nœuds (amplitude minimale).

B) Point de réflexion : P

En P, l'onde incidente produit la pression différentielle :
$p_1 - p_0 = u_1 = A \cdot \cos(\omega t - \varphi)$.
La réflexion se faisant sur le mur, fixe, rigide, on montre que la pression différentielle due à l'onde réfléchie est :

$$p_2 - p_0 = u_2 = p_1 - p_0$$

Comme $u_2 = u$, on dit que la réflexion se fait sans changement de signe.
En interférant, les deux ondes, incidente et réfléchie, donnent, en P :

$$\mathbf{u = u_1 + u_2 = 2A\cos(\omega t - \varphi)}$$

L'amplitude égale 2 A, il y a donc un ventre au point de réflexion.
De là, on déduit immédiatement la répartition des ventres et des nœuds.

• **Expression de la grandeur caractéristique**
La grandeur caractéristique de l'onde stationnaire établie est :

$$u = Av\cos(kx - \alpha) \cdot \cos(\omega t - \varphi)$$

Choisissons le point de réflexion P comme origine des espaces, calcul de α :

$$A = Av|(kx - \alpha)|\ (1)$$

En O, $x = 0$, $A = Av$, puisqu'il y a un ventre.
La relation (1) s'écrit : $Av = Av|\cos(-\alpha)|$, $|\cos\alpha| = 1$, il suffit de prendre $\alpha = 0$, d'où :

$$u = Av\cos kx \cdot \cos(\omega t - \varphi)$$

Choisissons l'origine des temps afin que φ soit nul (à $t = 0$, u est maximal en O).
Finalement : $\mathbf{u = Av\cos kx \cdot \cos\omega t}$

• **Choix d'une autre grandeur vibratoire :**

Au lieu de s'intéresser à la pression différentielle de l'air soumis aux ondes sonores, on peut considérer le mouvement vibratoire longitudinal des tranches d'air, découpées arbitrairement, qui se succèdent devant la membrane du haut-parleur.

La grandeur caractéristique choisie est maintenant l'élongation longitudinale u, telle que :

$$\overrightarrow{M_0M_t} = u \cdot \vec{i}$$

La tranche d'air qui est au contact du mur est bloquée par lui, l'amplitude de son mouvement est nulle.
On peut interpréter ce fait de la façon suivante :
L'onde incidente seule produirait au point de réflexion P l'élongation longitudinale u_1, l'onde réfléchie seule produirait en P, l'élongation $u_2 = -u_1$.
L'élongation résultant de l'interférence des deux ondes en P est alors :
$u = u_1 + u_2 = 0$
Ce qui traduit bien l'immobilité de la tranche d'air en P.
Contrairement à ce qui se passe pour la pression différentielles, *la réflexion contre le mur se fait avec un changement du signe de l'élongation.*
L'amplitude étant nulle en P, l'onde stationnaire présente donc un nœud en ce point.
Pour qu'il n'y ait pas de confusion, on dit qu'il y a, en P, un nœud d'élongation, Ne, et un ventre de pression, Vp.

On voit que, suivant le choix de la grandeur vibratoire, l'onde stationnaire peut présenter en un point un ventre ou bien un nœud.

5. Onde stationnaire produite par une réflexion

On considère un rayon d'onde incident arrivant à la frontière du milieu de propagation. Si cette frontière n'est pas ponctuelle, on suppose que l'angle d'incidence est nul, dans ce cas, le rayon incident et le rayon réfléchi correspondant ont le même support, l'onde est renvoyée sur elle-même. Les différents cas sont résumés dans le tableau ci-après.

	Grandeur caractéristique **u**	Milieu de propagation	Frontière	Au point d'inflexion P	Grandeur caractéristique **u*** en dualité avec **u**. Le ventre de l'une est le nœud de l'autre.
Onde élastique	élongation transversale	corde	extrémité fixe ou non libre	Changement du signe de **u** Nœud d'élongation	
			extrémité libre	Pas de changement du signe de **u** Ventre d'élongation	
	élongation longitudinale	ressort ou tige métallique	extrémité fixe ou non libre	Changement du signe de **u** Nœud d'élongation	Variation de la tension ou de la compression
			extrémité libre	Pas de changement du signe de **u** Ventre d'élongation	
	Pression différentielle $u = p + p_0$	air, libre ou dans un tuyau	obstacle fixe ou non libre	Pas de changement du signe de **u** Ventre de pression	Élongation longitudinale
		air dans un tuyau	air atmosphérique extérieur du tuyau	Changement du signe de **u** Nœud de pression	
Onde électro-magnétique	Champ électrique	air ou vide	plaque métallique	Changement du signe de **u** Nœud de champ électrique	Champ magnétique

6. Oscillateur à plusieurs fréquences propres

• **Résonances**

Considérons une corde de Melde, de longueur donnée, tendue toujours de la même façon, excitée transversalement par une source de fréquence N réglable, à une extrémité, S. L'autre extrémité, P, est fixe.

La source S impose sa fréquence, la corde accomplit des oscillations forcées.

Pour certaines fréquences de la source, il s'établit une onde stationnaire stable, de grande amplitude : il y a résonance. Le nombre des fuseaux dépend de la fréquence. Déterminons ces fréquences. À la résonance, il y a un nœud en S et en P, donc

$$SP = n\frac{\lambda}{2} \quad (n \in \mathbb{N}^*)$$

Soit l la longueur SP, N la fréquence, la célérité d'une onde transversale le long de la corde est :

$$c = \sqrt{\frac{F}{\mu}}$$

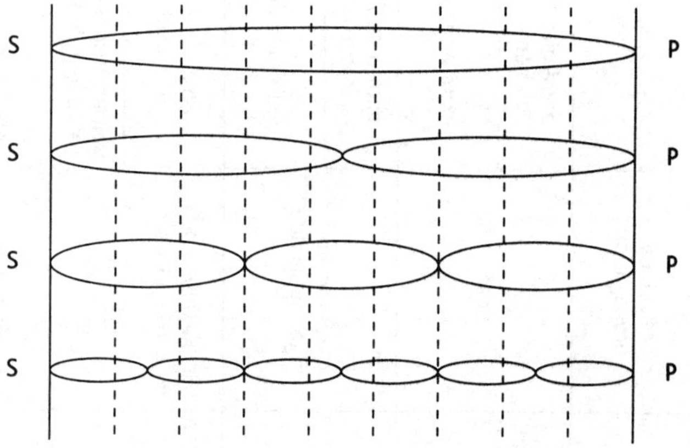

$$l = \frac{n}{2}\frac{c}{N} = \frac{n}{2N}\sqrt{\frac{F}{\mu}} \quad \text{d'où : } N = \frac{n}{2 \cdot 1}\sqrt{\frac{F}{\mu}}$$

Nous obtiendrons ainsi la suite des fréquences pour lesquelles il y a résonance :

$$\frac{1}{2 \cdot 1}\sqrt{\frac{F}{\mu}},\ \frac{2}{2 \cdot 1}\sqrt{\frac{F}{\mu}},\ \frac{3}{2 \cdot 1}\sqrt{\frac{F}{\mu}},\ \ldots$$

• **Fréquences propres :**

La même corde, tendue entre deux points fixes S et P, est un oscillateur. Pour lui faire accomplir des oscillations libres, il suffit, au doigt par exemple, de l'écarter de sa position d'équilibre et de la laisser vibrer, comme on le fait avec une corde de guitare. Cet oscillateur doit avoir un grand nombre de fréquences propres, pratiquement égales aux fréquences d'excitation donnant la résonance :

$\frac{1}{2 \cdot l}\sqrt{\frac{F}{\mu}}$, est la fréquence fondamentale

$\frac{2}{2 \cdot l}\sqrt{\frac{F}{\mu}}$, est la fréquence harmonique 2

$\frac{3}{2 \cdot l}\sqrt{\frac{F}{\mu}}$, est la fréquence harmonique 3...

Ce résultat est confirmé expérimentalement par l'analyse du son émis par une corde, de guitare par exemple. On constate qu'il est constitué par la superposition de plusieurs sons sinusoïdaux : le son de fréquence fondamentale et plusieurs sons de fréquence harmonique.
La vibration d'une corde tendue entre deux points est donc une vibration complexe résultant de la superposition de plusieurs vibrations sinusoïdales de fréquences différentes.

• **Généralisation :**

Un milieu de propagation limité par deux frontières est un oscillateur possédant plusieurs fréquences propres.
Lorsque cet oscillateur accomplit des oscillations libres, il est le siège d'une vibration complexe, ayant la fréquence fondamentale.
Lorsque cet oscillateur est excité à la résonance, il est le siège d'une onde stationnaire pratiquement sinusoïdale, stable, de grande amplitude.
Chaque frontière impose une condition : soit un ventre, soit un nœud.
Appelons l la distance entre les deux frontières.

Si la condition est la même aux deux frontières :

$$l = n\frac{\lambda}{2} \quad n \in \mathbb{N}^*$$

Si les conditions sont différentes :

$$l = \frac{\lambda}{4} + n\frac{\lambda}{2} \quad n \in \mathbb{N}^*$$

PARTIE XX

MOUVEMENT D'UN POINT MATÉRIEL

1. Position du mobile : système de coordonnées

A) LE REPÈRE CARTÉSIEN

Le plan P sur lequel se déplace l'objet ponctuel (M) peut être muni d'un repère fixe (O, i, j). À chaque instant t le point M a pour coordonnées x et y. Le vecteur de position est donné par :

$$\text{Dans } (O, \vec{i}, \vec{j}) \qquad \overrightarrow{OM} = x \cdot \vec{i} + y \cdot \vec{j}$$

À toutes valeurs de t correspondent une valeur de x et une valeur de y telles que :

$$\boxed{\begin{array}{l} x = f(t) \\ y = g(t) \end{array}}$$

Lois horaires en coordonnées cartésiennes : x et y en m, t en s.

Cas du repère orthonormé direct :

L'objet ponctuel (M) se déplace dans l'espace muni d'un repère fixe (O, i, j, k).

À chaque instant t le point M a pour coordonnées x, y et z. Le vecteur de position est donné par :

$$\text{Dans } (O, \vec{i}, \vec{j}, \vec{k}) \qquad \boxed{\overrightarrow{OM} = x \cdot \vec{i} + y \cdot \vec{j} + z \cdot \vec{k}} \qquad \boxed{\begin{array}{l} x = f(t) \\ y = g(t) \\ y = h(t) \end{array}}$$

Repère cartésien orthonormé : coordonnées cartésiennes :

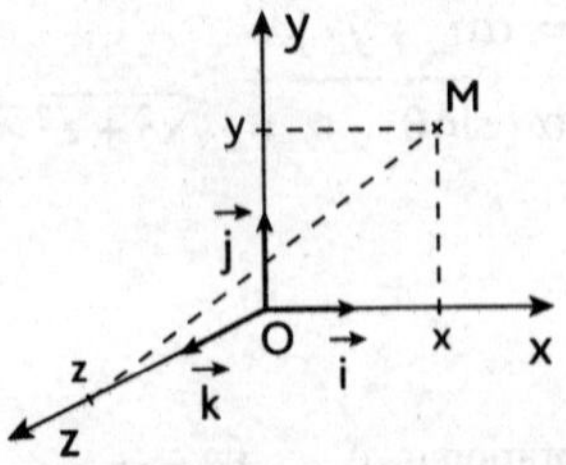

$$\boxed{\begin{array}{l} x = \overrightarrow{OM} \cdot \vec{i} \\ y = \overrightarrow{OM} \cdot \vec{j} \\ z = \overrightarrow{OM} \cdot \vec{k} \end{array}}$$

B) ABSCISSE CURVILIGNE

Le point mobile a une trajectoire curviligne que l'on munit d'un sens positif et d'une origine O. La position de M est alors donnée par un nombre réel, son abscisse curviligne, notée s. $S = f(t)$. Le signe de s est déterminé par le sens de la trajectoire choisie.

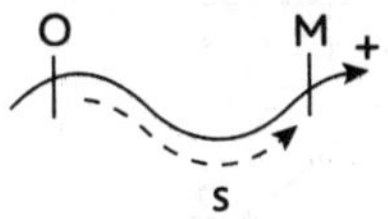

$$s = \overset{\frown}{OM}$$

c) Repère cylindrique

Soit le repère cartésien (O, i, j, k) qui subit une rotation θ suivant l'axe Oy.

$$(O, \vec{i}, \vec{j}, \vec{k}) \xrightarrow{\text{rotation } Oy,\, \theta} (O, \vec{u}_\alpha, \vec{u}_\theta, \vec{j})$$

Dans la base cylindrique obtenue, j, dirigé suivant Oy est invariant par la rotation d'axe Oy et d'angle θ.
En repère cylindrique OM s'écrit :

$$\overrightarrow{OM} = \overrightarrow{OB} + \overrightarrow{BM} \qquad \boxed{\overrightarrow{OM} = \alpha\vec{u}_\alpha + y \cdot \vec{j}}$$

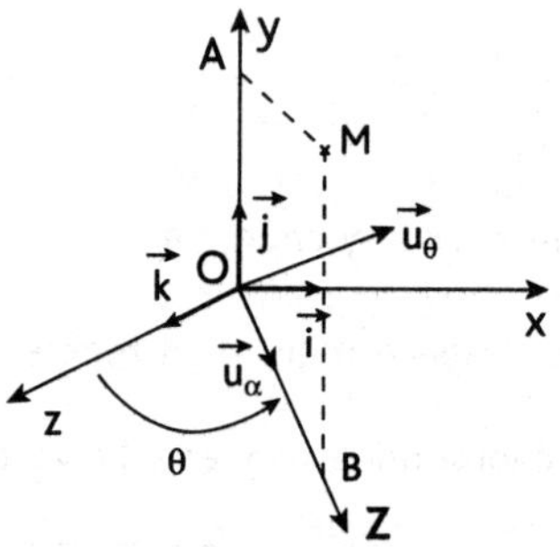

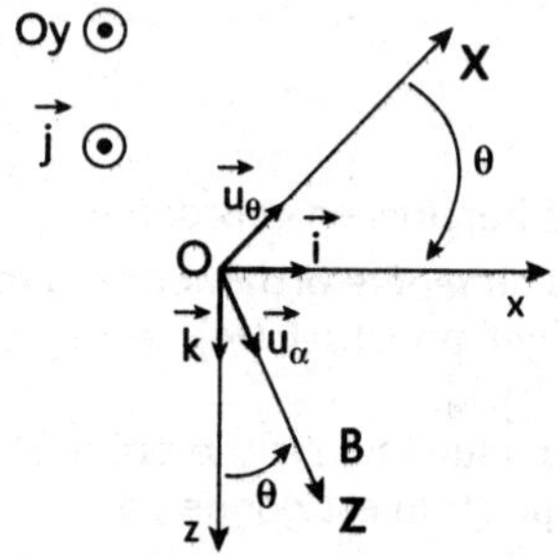

Soit :

$$\boxed{\begin{aligned} \vec{u}_\alpha &= \cos\theta \cdot \vec{i} + \sin\theta \cdot \vec{j} \\ \vec{u}_\theta &= \cos\theta \cdot \vec{j} - \sin\theta \cdot \vec{i} \end{aligned}}$$

Relation entre coordonnées cylindriques et coordonnées cartésiennes :

$$\overrightarrow{OM} = \overrightarrow{OB} + \overrightarrow{BM} \qquad \boxed{\overrightarrow{OM} = \alpha\vec{u}_\alpha + y \cdot \vec{j}}$$

$\overrightarrow{OB} = x \cdot \vec{i} + z \cdot \vec{k}$ $\quad z = \alpha \cdot \cos\theta$ $\quad x = \alpha \cdot \sin\theta$ $\quad \alpha = \sqrt{x^2 + z^2}$
$\theta = \arctan \dfrac{z}{x}$

d) Repère sphérique

$$(O, \vec{i}, \vec{j}, \vec{k}) \xrightarrow{\text{rotation } \vec{j},\, \phi} (\vec{k}', \vec{u}_\phi, \vec{j}) \xrightarrow{\text{rotation } \vec{u}_\phi,\, \theta} (\vec{u}_\alpha, \vec{u}_\theta, \vec{u}_\phi)$$

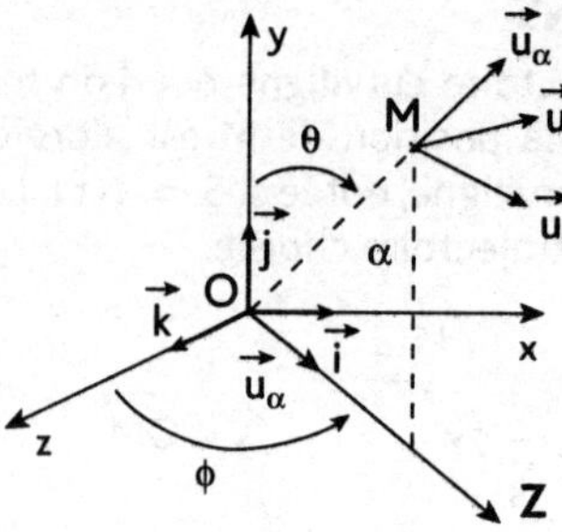

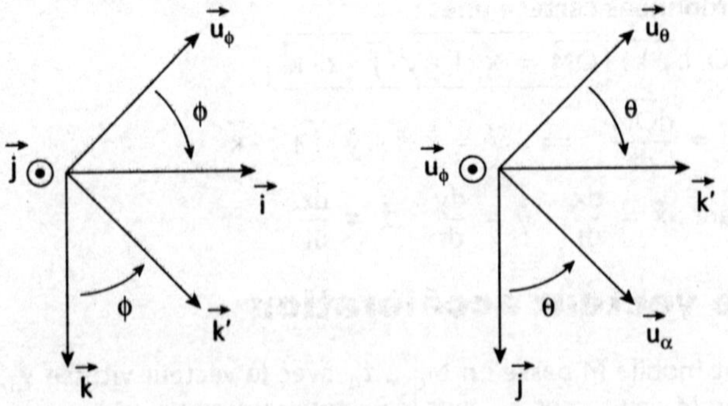

Composantes de $\vec{u}_\alpha$, $\vec{u}_\theta$, $\vec{u}_\phi$ dans la base $(O, \vec{i}, \vec{j}, \vec{k})$

$$\left.\begin{array}{l}\vec{u}_\alpha = \cos\theta \cdot \vec{j} + \sin\theta \cdot \vec{k} \\ \vec{k'} = \cos\phi \cdot \vec{k} + \sin\phi \cdot \vec{i}\end{array}\right\} \Rightarrow \boxed{\vec{u}_\alpha = \sin\theta\,(\cos\phi \cdot \vec{k} + \sin\phi \cdot \vec{i}) + \cos\theta \cdot \vec{j}}$$

$$\vec{u}_\theta = -\sin\theta \cdot \vec{j} + \cos\theta \cdot \vec{k'} \Rightarrow \boxed{\vec{u}_\theta = \cos\theta\,(\cos\phi \cdot \vec{k} + \sin\phi \cdot \vec{i}) - \sin\theta \cdot \vec{j}}$$

$$\boxed{\vec{u}_\phi = -\sin\phi \cdot \vec{k} + \cos\phi \cdot \vec{i}}$$

Relation entre coordonnées cartésiennes et sphériques :

$$\boxed{x = \alpha \cdot \sin\theta \cdot \sin\phi \qquad y = \alpha \cdot \cos\theta \qquad z = \alpha \cdot \cos\phi \cdot \sin\theta}$$

$$\alpha = \sqrt{x^2 + y^2 + z^2} \qquad \boxed{\theta = \arccos \frac{y}{\alpha} \qquad \phi = \arctan \frac{x}{z}}$$

2. Le vecteur vitesse

Soit M un point mobile par rapport à un repère d'espace. Soit O le point origine fixe dans le repère.
Le vecteur position OM du mobile est fonction du temps.
Entre t_0 et t le vecteur déplacement est :

$$\overrightarrow{M_0M} = \overrightarrow{OM} - \overrightarrow{OM_0}$$

Le vecteur $\dfrac{\overrightarrow{M_0M}}{t - t_0}$ est le vecteur vitesse moyenne entre t_0 et t.

Le vecteur vitesse à t_0 est le vecteur v_0. C'est la limite du vecteur vitesse moyenne lorsque $(t - t_0)$ tend vers zéro.

$$\boxed{(\text{à } t) \quad \vec{v} = \frac{d\overrightarrow{OM}}{dt}}$$

Le vecteur vitesse indique le sens du mouvement.

En coordonnées cartésiennes :

Dans $(O, \vec{i}, \vec{j}, \vec{k})$ $\boxed{\overrightarrow{OM} = x \cdot \vec{i} + y \cdot \vec{j} + z \cdot \vec{k}}$

donc $\vec{v} = \dfrac{d\overrightarrow{OM}}{dt} \Rightarrow \vec{v} = \dot{x} \cdot \vec{i} + \dot{y} \cdot \vec{j} + \dot{z} \cdot \vec{k}$

En posant : $\dot{x} = \dfrac{dx}{dt}$ $\dot{y} = \dfrac{dy}{dt}$ $\dot{z} = \dfrac{dz}{dt}$

3. Le vecteur accélération

Le point mobile M passe en M_0 à t_0 avec le vecteur vitesse v_o, puis il passe en M_n au temps t_n avec le vecteur vitesse v_n.
Par définition le vecteur accélération a est :

$$\vec{a_0} = \text{limite lorsque } t_n \to t_0 \text{ de } \frac{\vec{v_n} - \vec{v_0}}{t_n - t_0}$$

$$\Rightarrow \boxed{\vec{a} = \frac{d\vec{v}}{dt}}$$

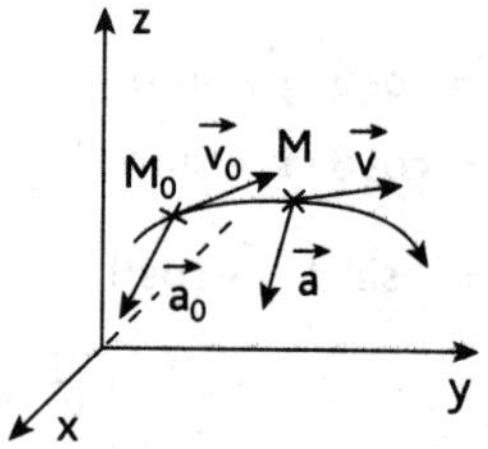

En coordonnées cartésiennes :

$\vec{a} = \ddot{x} \cdot \vec{i} + \ddot{y} \cdot \vec{j} + \ddot{z} \cdot \vec{k}$

et $\ddot{x} = \dfrac{d^2x}{dt^2}$ $\ddot{y} = \dfrac{d^2y}{dt^2}$ $\ddot{z} = \dfrac{d^2z}{dt^2}$

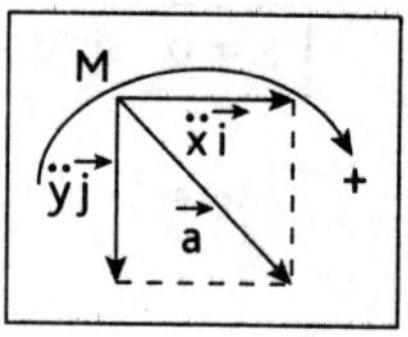

Le module du vecteur a est l'accélération, elle s'exprime en $m.s^{-2}$.

$$a = \sqrt{\ddot{x}^2 + \ddot{y}^2}$$

En coordonnées curvilignes :

$\vec{T}$ est le vecteur unitaire tangent, il est porté par la droite tangente à la trajectoire et est orienté dans le sens +.

$\vec{N}$ est le vecteur unitaire normal, il est perpendiculaire à T. Il est tracé vers l'intérieur de la trajectoire.

$\vec{v}$ est la vitesse algébrique de M au temps t.

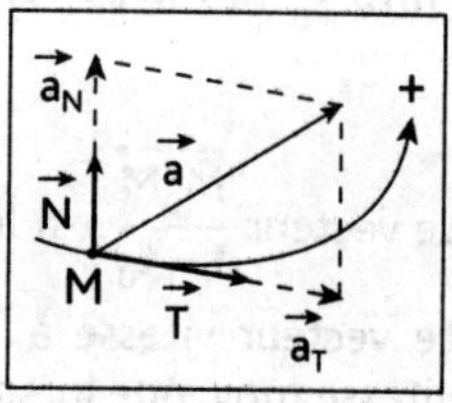

Le vecteur accélération est donné par :

$$\boxed{\vec{a} = \dot{v} \cdot \vec{T} + \frac{v^2}{R} \vec{N}}$$

R = rayon de courbure de la trajectoire.

4. Classification des mouvements

• **Mouvement uniforme** : le mobile se déplace toujours dans le même sens avec une vitesse v constante.
La vitesse algébrique est constante. Le vecteur vitesse est toujours orienté de la même façon par rapport à la trajectoire et son module est constant.

$$v = cte \quad \Rightarrow \quad \dot{v} = 0 \quad \Rightarrow \quad \vec{a} = \dot{v}\vec{T} + \frac{v^2}{R}\vec{N} = \frac{v^2}{R}\vec{N}$$

Dans un mouvement uniforme le vecteur accélération est à tout instant normal à la trajectoire.

• **Mouvement varié** : la vitesse algébrique ne reste pas constante.

• **Mouvement rectiligne** : le mobile reste sur une droite fixe dans le repère d'espace donné.

$$\frac{v^2}{R} = 0 \quad \Rightarrow \quad \vec{a} = \dot{v}\vec{T} + \frac{v^2}{R}\vec{N} = \dot{v}\vec{T}$$

Dans un mouvement rectiligne, le vecteur accélération est colinéaire à la trajectoire à tout moment.

• **Mouvement curviligne** : le mobile ne reste pas sur une droite.

• **Mouvement rectiligne et uniforme** :

$$\frac{v^2}{R} = 0 \quad \dot{v} = 0 \quad \Rightarrow \quad \text{à tout instant : } \vec{a} = \dot{v}\vec{T} + \frac{v^2}{R}\vec{N} = \vec{0}$$

Réciproquement si un point matériel possède un vecteur accélération nul, à tout instant ou pendant un intervalle de temps, ce point est soit au repos soit en mouvement rectiligne et uniforme.

5. Étude de mouvements rectilignes

Soit le point M mobile le long de l'axe Ox :

$$\overrightarrow{OM} = x_{(t)} \qquad v = \dot{x} \qquad a = \dot{v} = \ddot{x}$$

Mouvement uniformément varié :
Conditions initiales : $x(0) = x_0$, $v(0) = v_0$ accéléré si $a_0 > 0$, décéléré si $a_0 < 0$.
Les vecteurs vitesse et accélération sont parallèles à la trajectoire. La vitesse algébrique décrit le mouvement.

$$a_0 = \frac{dv}{dt} \quad \Rightarrow \quad v = \int a_0 \, dt \quad \text{et vitesse : } \vec{v_0} = \frac{d\overrightarrow{OM}}{dt}$$

$$\Rightarrow \quad \boxed{v = a_0 t + v_0}$$

A) Vitesse algébrique

$a = \dot{v} = \ddot{x} \quad \Rightarrow \quad \dot{x} = \bar{a}t + cte$

La constante d'intégration correspond à la valeur de $\dot{x}$ pour $t = 0$ soit $\vec{v_0}$.

$\Rightarrow \quad \bar{v} = \bar{a}t + \bar{v}_0$

B) Loi horaire

Pour déterminer le mouvement il faut préciser l'état du mouvement initial (à $t = 0$). À l'origine, le mobile est à x_0 et possède une vitesse v_0. À tout instant t le mobile est à x.

On passe de $v = x$ à $x \quad \Rightarrow \quad x = \frac{1}{2}\bar{a}t^2 + \bar{v}_0 t + Cte$

La constante d'intégration est déterminée par l'état de mouvement initial, elle représente la valeur de x pour $t = 0$, soit x_0.
Finalement :

$$\boxed{x = \frac{1}{2}\bar{a}t^2 + \bar{v}_0 t + x_0}$$

C) Description du mouvement

Il faut orienter le vecteur unitaire dans le sens du vecteur accélération, dans ce cas l'accélération algébrique est positive.
On peut dresser un tableau de variation :

t	$-\infty$	$-\frac{\bar{v}_0}{\bar{a}}$	$+\infty$
$\bar{a}$	+		+
$\bar{v} = \bar{a}t + \bar{v}_0$	− ↗	0	↗ +
x	↘	x_s	↗
$\bar{v} \cdot \bar{a}$	−	0	+
commentaires	Le mobile progresse dans le sens $-(\bar{v} < 0)$ en freinant $(\bar{v} \cdot \bar{a} < 0)$	Le mobile rebrousse chemin $(\bar{v} = 0)$ en S	Le mobile progresse dans le sens $+(\bar{v} > 0)$ en accélérant $(\bar{v} \cdot \bar{a} > 0)$

Conclusion : le mouvement rectiligne uniformément varié est un mouvement d'aller et retour :
- l'aller est retardé, en fin de l'aller le mobile est à vitesse nulle (il ne faut pas dire qu'il s'arrête) ;
- le retour est accéléré.

Remarque : après le passage par S, le vecteur accélération est dans le sens du mouvement, plus généralement : lorsqu'à un instant, au cours du mouvement, la vitesse s'annule, le sens du mouvement après cet instant est donné par le vecteur accélération.

d) Autres relations

• Variation de la vitesse et intervalle de temps.
Entre les dates 0 et t :

$$\overline{v} - \overline{v}_0 = \overline{a} \cdot t$$

Où t est l'intervalle de temps écoulé.
Plus généralement, entre t_1 et t_2 : mouvement uniformément varié.

$$\boxed{\overline{v}_2 - \overline{v}_1 = \overline{a}(t_2 - t_1)}$$

• Variation du carré de la vitesse et déplacement.

$$\overline{v} = \overline{a} \cdot t + \overline{v}_0 \quad \Rightarrow \quad t = \frac{\overline{v} - \overline{v}_0}{\overline{a}}$$

t est remplacé par son expression dans la loi horaire du mouvement, après simplification :

$$x = \frac{\overline{v}^2 - \overline{v}^2_0}{2\overline{a}} + x_0 = \frac{v^2 - v^2_0}{2\overline{a}} + x_0$$

Donc lorsque le mobile va de sa position initiale M_0 à la position M, la variation du carré de la vitesse est :

$$v^2 - v^2_0 = 2\overline{a}(x - x_0) = 2\overline{a} \cdot \overline{M_0M}$$

Plus généralement de M_1 à M_2 : mouvement uniformément varié.

$$\boxed{v^2_1 - v^2_2 = 2\overline{a}(x_2 - x_1)}$$

5. Le mouvement circulaire

On dit qu'un point a un mouvement circulaire lorsqu'il se déplace sur un cercle fixe par rapport au repère d'espace choisi.

a) Repérage de la position du mobile

• Pour repérer la position du point mobile sur le cercle de rayon R, on peut utiliser trois types de coordonnées :
– les coordonnés cartésiennes (dans ce cas choisir un repère dont l'origine O est au centre du cercle trajectoire) ;
– les coordonnés curvilignes (dans ce cas choisir un repère dont l'origine A est au point de coordonnées cartésiennes ($x = R$; $y = 0$) et comme sens positif le sens direct. Alors lorsque le mobile P occupe la position M, son abscisse curviligne est $s = AM$) ;
– les coordonnées angulaires (lorsque le point mobile P, va, sur le cercle, de A à M, OP balaie l'angle θ qui est l'abscisse angulaire du mobile. θ est compté positivement si l'angle est balayé dans le sens direct. θ s'évalue en radians, parfois en tours $1\,\text{tr} = 2\pi$ rad. À toute valeur de t correspond une valeur de θ telle que $\theta = f(t)$: cette relation est la loi horaire en coordonnées angulaires).

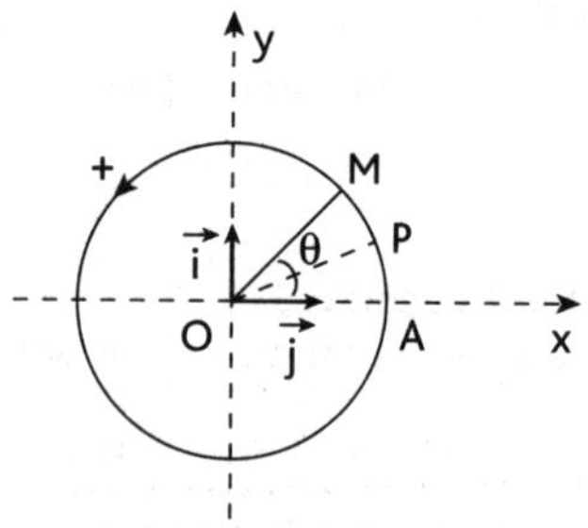

• Relation entre abscisse curviligne et abscisse angulaire :
Lorsque le mobile fait un tour, à partir de A, $\theta = 2\pi$ et $s = 2\pi R$. Plus généralement lorsque le mobile accomplit θ rad, il décrit un arc de cercle s tel que :

$$s = R \cdot \theta$$

B) Les vitesses algébriques

De même que la vitesse algébrique est la dérivée de s par rapport au temps, la dérivée de θ par rapport au temps s'appelle la vitesse angulaire algébrique. Elle s'exprime en rad/s, elle est parfois notée ω.

$$\overline{\omega} = \dot{\theta} = \frac{d\theta}{dt}$$

si $\overline{\omega} > 0$, $\theta = f(t)$ est croissante, le point se déplace dans le sens positif

si $\overline{\omega} < 0$, le point se déplace dans le sens négatif.

Le signe de $\overline{\omega}$ permet de connaître le sens du mouvement.

• Relation entre la vitesse angulaire algébrique et la vitesse curviligne algébrique :

En dérivant la relation $s = R \cdot \theta$ par rapport au temps t on obtient :

$\dot{s} = R \cdot \dot{\theta}$ comme $\overline{v} = \dot{s}$ et $\dot{\theta} = \overline{\omega}$ on en déduit :

$$\overline{v} = R \cdot \overline{\omega}$$

C) Le mouvement circulaire et uniforme

C'est un mouvement circulaire dont la vitesse algébrique reste constante. Le vecteur vitesse garde un module constant et un sens déterminé par rapport à la trajectoire orientée, mais sa direction change (ce n'est pas un vecteur constant).

$\overline{v} = \text{cte} \quad \overline{\omega} = \frac{\overline{v}}{R} = \text{cte} \quad \vec{v} = \overline{v} \cdot \vec{T}$

Loi horaire en coordonnées angulaires

Le mouvement est tel que la vitesse angulaire reste constante. Pour le définir il faut déterminer l'état de mouvement initial :

à $t = 0$ le mobile a pour abscisse angulaire θ_0.

On passe de ω à q par une intégration :

$$\theta = \overline{\omega} t + \theta_0$$

La constante d'intégration représente l'abscisse angulaire initiale θ_0.

Conséquences

• À la date t_1 le mobile P est en M_1 d'abscisse $\theta_1 = \omega t_1 + \theta_0$

À la date t_2 le mobile P est en M_2 d'abscisse $\theta_2 = \omega t_2 + \theta_0$

Entre t_1 et t_2 l'angle balayé par OP est :

$$\theta_2 - \theta_1 = \overline{\omega} t_2 + \theta_0 - (\overline{\omega} t_1 + \theta_0) = \overline{\omega}(t_2 - t_1)$$

$$\boxed{\theta_2 - \theta_1 = \omega(t_2 - t_1)}$$

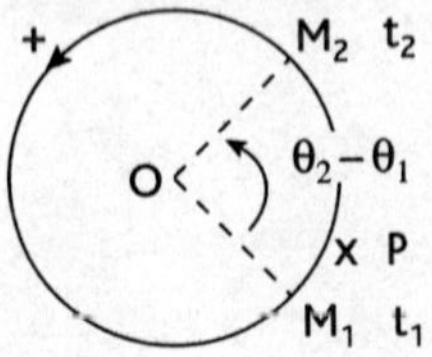

• On appelle période du mouvement, l'intervalle de temps T mis par le mobile pour accomplir un tour.

D'après la relation précédente $|\theta_2 - \theta_1| = 2\pi = \omega T$ d'où :

$$\boxed{T = \frac{2\pi}{\omega}}$$

Vecteur accélération

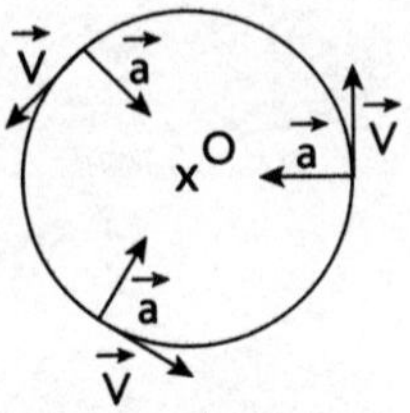

Le vecteur accélération $\vec{a} = \dot{v} \cdot \vec{T} + \frac{v^2}{R}\vec{N}$

Comme $\overline{v}$ est constant $\dot{v} = 0$, l'accélération a se réduit à : $\vec{a} = \frac{v^2}{R}\vec{N}$

Comme $\frac{v^2}{R}$ est un nombre positif, $\vec{a}$ est toujours de même direction et de sens que $\vec{N}$.

$\vec{a}$ est toujours dirigé vers le centre du cercle, $\vec{a}$ est centripète.

Comme v et R sont constants, le module a de $\vec{a}$ reste constant et égal à $\frac{v^2}{R}$ ou, comme $v = R\omega$, à $\frac{v^2}{R} = \frac{R_2\omega_2}{R} = R\omega^2$.

PARTIE XXI

MAGNÉTISME
LE CHAMP
MAGNÉTIQUE

1. Interactions électromagnétiques

Expérimentalement on peut créer une interaction électromagnétique entre deux aimants, deux courants électriques, un aimant et un courant électrique.
Les aimants sont électriquement neutres et les conducteurs métalliques sont parcourus par des électrons mais ils sont globalement neutres, on peut en conclure que ce ne sont pas des actions électrostatiques qui interviennent, mais bien des actions électromagnétiques.

A) Les pôles Nord et Sud d'un aimant droit ou d'une aiguille aimantée

Les deux extrémités de l'aimant sont appelées les pôles de l'aimant.
Si l'on suspend un aimant droit à un fil sans torsion au voisinage de la Terre, l'aimant se déplace et s'arrête dans une position d'équilibre stable. L'extrémité qui est située vers le Nord s'appelle le pôle Nord de l'aimant, l'autre extrémité est le pôle Sud.
• **Loi d'interaction entre deux aimants** : deux pôles de même nom se repoussent, deux pôles de noms différents s'attirent.

B) Les pôles Nord et Sud d'un aimant quelconque

Il ne faut pas croire que les pôles d'aimant sont toujours les extrémités les plus éloignées (ainsi dans un aimant plat les pôles sont les faces les plus rapprochées). Les aimants n'ont toujours que deux pôles.
Pour détecter la position et le nom d'un pôle on peut utiliser une aiguille aimantée dont les pôles Nord et Sud sont connus : le pôle Nord de l'aiguille se dirige vers le pôle Sud (ou l'un des pôles Sud) de l'aimant à étudier.

C) Les faces nord et sud d'une bobine

Une bobine parcourue par un courant se comporte comme un aimant qui a un pôle Nord d'un côté (face Nord) et un pôle Sud de l'autre côté (face Sud).
Le caractère Nord ou Sud d'une face d'une bobine dépend du sens du courant. Pour le déterminer il faut utiliser une règle comme :
• **La règle de la main droite**
On place l'index, le majeur... de la main droite le long des spires de la bobine, dans le sens du courant. Le pouce, dressé, indique le sens SN.
• **La règle du S**
Le courant circule dans le sens des aiguilles d'une montre, lorsqu'on regarde la face Sud de l'extérieur de la bobine : c'est ce qu'indique la « lettre S fléchée ».

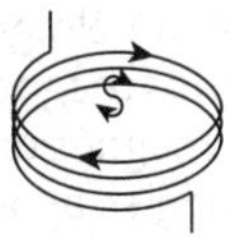

• **Loi d'interaction entre aimants et bobines parcourus par des courants**
Un pôle d'aimant (ou une face de bobine) repousse un pôle (ou une face de bobine) de même nom.
Un pôle d'aimant (ou une face de bobine) attire un pôle (ou une face de bobine) de nom différent.

2. Le champ magnétique

• **Sources de champ magnétique**
Lorsqu'on amène une aiguille aimantée au voisinage d'un aimant, elle subit une action. On dit que l'aimant produit dans l'espace un *champ magnétique*.
De la même façon, un circuit parcouru par un courant électrique, la Terre, un faisceau d'électrons, une charge électrique en mouvement sont des *sources de champs magnétiques*.

A) Le vecteur champ magnétique B

On peut caractériser chaque point d'un espace champ magnétique par un vecteur champ magnétique B.
À l'aide d'une petite aiguille aimantée, mobile autour de son centre d'inertie, pouvant s'orienter dans n'importe quelle direction, on peut déterminer la direction et le sens du vecteur champ magnétique B. Cette aiguille placée dans un espace champ magnétique subit une action électromagnétique : elle se déplace et s'arrête dans une certaine position d'équilibre stable SN.
Le vecteur B est parallèle à l'axe SN de l'aiguille. À l'équilibre il sort par le pôle Nord N.

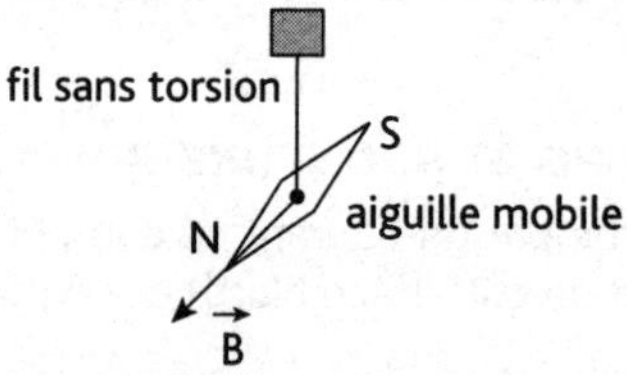

• **Lignes de champ magnétique**
Avec l'aiguille aimantée précédente, on peut, de proche en proche, déterminer ainsi la direction et le sens des vecteurs B caractérisant chaque point de l'espace champ magnétique. On appelle « ligne de champ magnétique » une ligne orientée tangente en chacun de ses points aux vecteurs champ magnétique et de même sens que ces vecteurs champ magnétique. Les lignes de champ sont d'autant plus resserées que le champ magnétique est plus intense.
• **Le champ magnétique terrestre**
Si l'on considère deux points assez éloignés l'un de l'autre, au voisinage de la terre, leurs vecteurs champs magnétiques ne sont pas égaux. Pour caractériser le vecteur champ magnétique terrestre d'un lieu, on détermine son intensité B et deux angles appelés inclinaison et déclinaison.

Soit B le vecteur champ magnétique.

Sa composante horizontale $\vec{B_0}$ fait avec $\vec{B}$ un angle I appelé inclinaison.

$$\boxed{\vec{B_0} = \vec{B}\cos I}$$

L'angle que fait $\vec{B_0}$ avec la direction SN géographique s'appelle angle de déclinaison D.

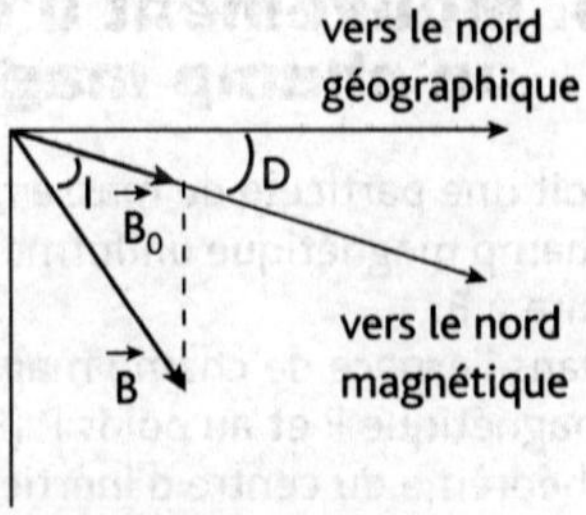

3. Expression de la force magnétique

A) Rappel : produit vectoriel

Soient $\vec{u}$ et $\vec{v}$ deux vecteurs auxquels on associe un troisième vecteur $\vec{u} \wedge \vec{v}$.

- si $\vec{u} \,//\, \vec{v}$: $\vec{u} \wedge \vec{v} = 0$
- si $\vec{u}$ non // $\vec{v}$:

$\vec{u} \wedge \vec{v}$ est perpendiculaire à $\vec{u}$ et à $\vec{v}$

le trièdre $\vec{u}, \vec{v}, \vec{u} \wedge \vec{v}$ est direct.

La norme de $\vec{u} \wedge \vec{v}$ est :

$\|\vec{u} \wedge \vec{v}\| = \|\vec{u}\| \cdot \|\vec{v}\| \cdot |\sin(\vec{u}, \vec{v})|$

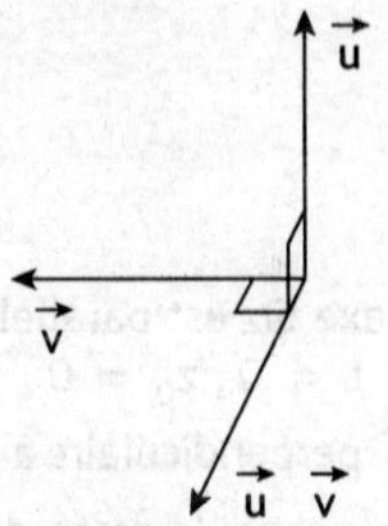

B) Force magnétique : force de Lorentz

Si une charge ponctuelle *q* à un instant t est lancée à la vitesse *v* par rapport à la Terre et si cette charge est soumise à l'action d'un vecteur champ magnétique alors elle subit une force magnétique F.

$$\boxed{\vec{F} = q \cdot \vec{v} \wedge \vec{B}}$$

La force magnétique F dépend de la charge des porteurs q (positive ou négative), de leur vitesse *v* et de vecteur champ magnétique B.

La force magnétique est nulle :

- si q = 0 (particules neutres)
- si v = 0 (particules chargées immobiles)
- si B = 0
- si v est parallèle à B.

Le sens du vecteur F dépend du signe de *q*, du sens du vecteur vitesse, et du sens du vecteur B, *q* s'exprime en Coulomb, *v* en m/s, F en Newton, B en Tesla.

Un champ magnétique n'exerce pas d'action sur une charge électrique immobile.

4. Mouvement d'une particule dans un champ magnétique uniforme

Soit une particule de masse m et de charge q qui pénètre en O dans un champ magnétique uniforme B avec une vitesse $v_0 \cdot v_0$ est perpendiculaire à B.
Dans l'espace de champ magnétique la particule est soumise à la force magnétique F et au poids P (P négligeable devant F).
Théorème du centre d'inertie :

$$\vec{F} = q \cdot \vec{v} \wedge \vec{B} = m \cdot \vec{a}$$

• **Cas de la trajectoire plane :**

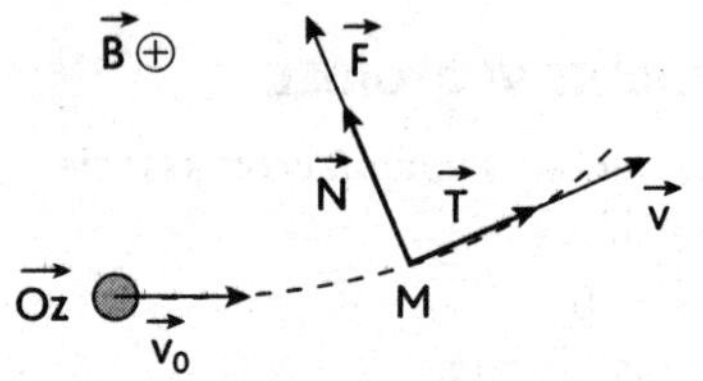

L'axe Oz est parallèle à B. À $t = 0$, la particule passe en O.
À $t = 0, z_0 = 0, \Rightarrow \dot{z}_0 = 0$ car $\vec{v_0}$ est perpendiculaire à $\vec{Oz}$.
$\vec{a}$ perpendiculaire à $\vec{B}$ et $\vec{a}$ perpendiculaire à $\vec{Oz} \Rightarrow \ddot{z} = 0$ à tout instant.
La particule reste donc dans le plan $z = 0$, et le vecteur vitesse de la particule à tout instant reste dans le plan de la trajectoire, donc reste perpendiculaire à B.

• **Cas du mouvement uniforme et circulaire :**

$$\boxed{\vec{a} = \frac{\vec{F}}{m} = \frac{q}{m} \cdot \vec{v} \wedge \vec{B}}$$

Le module de a est donc : $\vec{a} = \frac{|q|}{m} \cdot v \cdot B \cdot \sin(\vec{v}, \vec{B}) = \frac{|q|}{m} \cdot v \cdot B$ car $\vec{v}$ perpendiculaire à $\vec{B}$.

Le vecteur a est perpendiculaire au vecteur vitesse, il est porté par la normale. De plus le vecteur a a le sens du vecteur unitaire normal N on peut donc poser :

$$\vec{a} = a \cdot \vec{N} = \frac{|q|}{m} v \cdot B \cdot \vec{N}$$

D'après l'expression de l'accélération en coordonnées curvilignes :

$$\vec{a} = \dot{v} \cdot \vec{T} + \frac{v^2}{R} \vec{N}$$

R est le rayon de courbure de la trajectoire.

D'une part $\dot{v} = 0$ soit $\bar{v} = cte = v_0$: le mouvement est uniforme :

D'autre part $\frac{v^2}{R} = \frac{|q| \cdot v \cdot B}{m}$ soit :

$$R = \frac{m \cdot v_0}{|q| \cdot B} = \frac{p}{|q| \cdot B}$$

R en m | |q| en C
m en kg | B en T
v_0 en m/s

p est la quantité de mouvement de la particule, elle reste constante. Comme m, v_0, $|q|$, B sont constants, la trajectoire plane est un cercle. Une particule chargée lancée dans un champ magnétique uniforme perpendiculairement à B a un mouvement circulaire et uniforme.

• **Énergie de la particule :**

Dans un champ magnétique une particule chargée subit la force F. À tout instant F est perpendiculaire à v, donc la puissance de cette force F est nulle.

$$\overline{P_F} = \vec{F} \cdot \vec{v} = 0$$

D'un instant à l'autre le travail effectué par la force magnétique est donc nul, donc l'énergie cinétique de la particule ne varie pas.

5. Expression de l'intensité du courant *I*. Loi de Laplace

Un fil métallique contient de nombreux électrons libres qui sous l'action d'un courant prennent un mouvement d'ensemble, à contre-sens du courant électrique. Ils possèdent tous la même vitesse.
Soit une portion d'un conducteur métallique de longueur l et de section s.
n est le nombre d'électrons libres par m^3.
Dans la portion MN le nombre d'électrons libres est : $n \cdot s \cdot l$

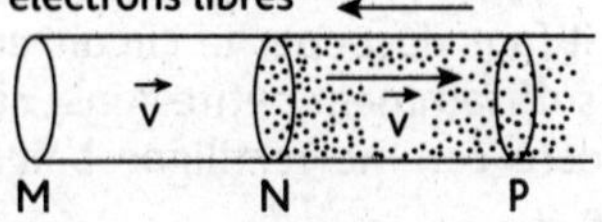

Pour sortir par N les électrons mettent le temps $t = l/v$.
Pendant ce temps, la section N est traversée par $n \cdot s \cdot l$ électrons libres de charge – e. Chaque électron transporte la quantité d'électricité e. Pendant le temps t, il passe donc à travers une section du conducteur, la quantité d'électricité q avec $q = n \cdot s \cdot l \cdot e$. D'où la valeur de l'intensité I du courant dans ce fil :

$$I = \frac{q}{t} = \frac{n \cdot s \cdot l \cdot e}{\frac{l}{v}}$$

Dans un métal	$I = n \cdot s \cdot e \cdot l$	n : en nombre d'électrons/m^3 s : en m^2 $e = 1,6 \cdot 10^{-19}$ C v : en m/s

Loi de Laplace

Une portion de conducteur rectiligne, parcourue par un courant, plongée dans un champ magnétique uniforme, subit la force électromagnétique (force de Laplace) F. Soit l le vecteur qui a la direction du conducteur, qui a pour module la longueur du fil, qui a le sens du courant d'intensité I, la force F est donnée par :

$$\vec{F} = I \cdot \vec{l} \wedge \vec{B}$$

F : en N
I : en A, $I \geqslant 0$
l : en m
B : en T

l : longueur du fil dans le champ magnétique

$\vec{l}$ a le sens du courant

La force de Laplace est donc perpendiculaire au conducteur ($\vec{l}$) et à $\vec{B}$.
Son sens est donné par la règle de la main droite.
Son module est :

$$F = IlB \,|\sin(\vec{l}, \vec{B})|$$

• La force de Laplace est répartie sur la portion de circuit MN, on peut l'assimiler à une force localisée appliquée au milieu de MN.

• La force de Laplace peut effectuer un travail. Ceci provient du fait que cette force est exercée par des porteurs de charges sur des charges fixes.

Cas d'un circuit non rectiligne :

Dans le cas d'un circuit non rectiligne ou dans le cas d'un champ magnétique non uniforme, il faut découper le circuit en éléments de circuit ayant une longueur l suffisamment petite. Ainsi, chaque élément de circuit peut être considéré comme rectiligne baignant dans un champ magnétique uniforme.

Par ailleurs si on est en présence de courant alternatif, celui-ci doit être mesuré algébriquement. La loi de Laplace devient :

$$\vec{F} = i \cdot \vec{l} \wedge \vec{B}$$

Le sens + pour i est le sens de $\vec{l}$

6. Action du champ magnétique sur un cadre parcouru par un courant

On se place dans le cas d'un champ magnétique uniforme.
Lorsqu'un courant parcourt un cadre celui-ci possède une face Sud et une face Nord. On définit $\vec{n}$ le vecteur normal au cadre :
- vecteur unitaire,
- perpendiculaire au plan défini par le cadre,
- vecteur sortant par la face Nord,
- sens donné par la règle de la main droite.

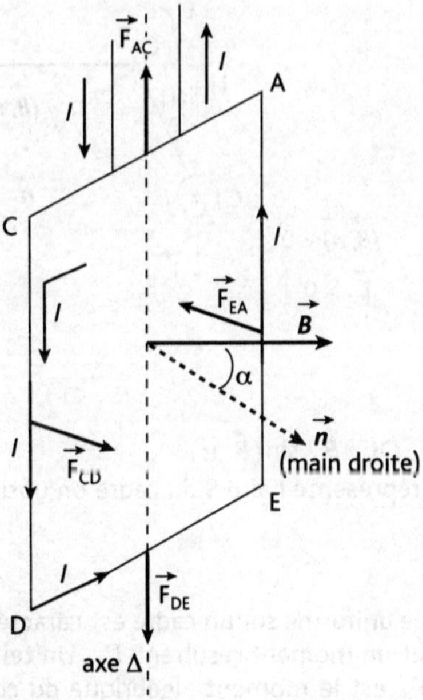

$\vec{F}_{AC}$ $\vec{F}_{CD}$ $\vec{F}_{DE}$ $\vec{F}_{EA}$ sont des forces localisées.

$$\vec{F}_{AC} = N \cdot \boldsymbol{I} \cdot \overrightarrow{AC} \text{ Ÿ } \vec{\boldsymbol{B}}$$
$$\vec{F}_{CD} = N \cdot \boldsymbol{I} \cdot \overrightarrow{CD} \text{ Ÿ } \vec{\boldsymbol{B}}$$
$$\vec{F}_{DE} = N \cdot \boldsymbol{I} \cdot \overrightarrow{DE} \text{ Ÿ } \vec{\boldsymbol{B}}$$
$$\vec{F}_{EA} = N \cdot \boldsymbol{I} \cdot \overrightarrow{EA} \text{ Ÿ } \vec{\boldsymbol{B}}$$

Avec N le nombre de spires du cadre.

Le cadre est baigné par un champ magnétique uniforme. Le vecteur $\vec{B}$ est horizontal perpendiculaire à l'axe de rotation Δ. Le cadre est dans une position donnée par l'angle α.
Le cadre ACDE subit une action électromagnétique caractérisée par quatre forces localisées :
$\vec{F}_{AC} = -\vec{F}_{DE}$ car $\overrightarrow{AC} = -\overrightarrow{DE}$ de même $\vec{F}_{CD} = -\vec{F}_{EA}$
Donc : $\vec{F}_{AC} + \vec{F}_{DE} + \vec{F}_{CD} + \vec{F}_{EA} = \vec{0}$
L'action électromagnétique qui s'exerce sur le cadre a donc une force résultante nulle. Ainsi le centre d'inertie du cadre ne bouge pas.
La somme des moments des quatre forces localisées par rapport à l'axe D est nulle (on choisit un sens positif pour les rotations).
$\overline{\mathcal{M}\vec{F}_{AC}} = \overline{\mathcal{M}\vec{F}_{DE}} = 0$ car les forces s'appliquent sur l'axe.

$\overline{\mathcal{M}}\vec{F}_{CD} = F_{CD} \cdot OH = N \cdot \boldsymbol{I} \cdot CD \cdot \boldsymbol{B} \cdot OH$ (l'angle $(\overrightarrow{CD}, \vec{B}) = \frac{\pi}{2}$)

Dans un triangle OHC : $OH = OC \sin|\alpha|$.

Par suite : $|\overline{\mathcal{M}}\vec{F}_{CD}| = F_{CD} \cdot OH = N \cdot \boldsymbol{I} \cdot CD \cdot \boldsymbol{B} \cdot OH \cdot \sin|\alpha|$

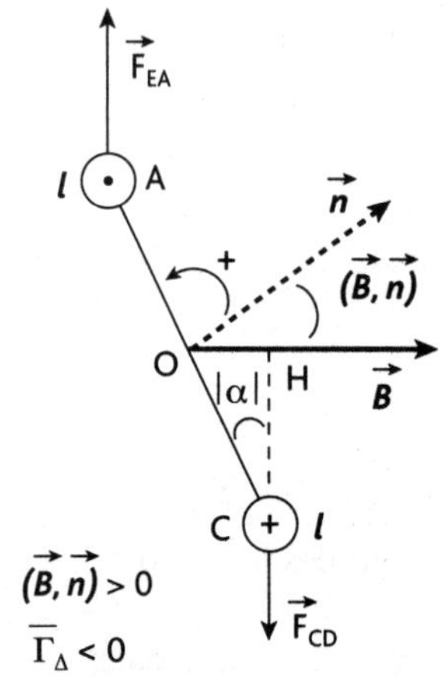

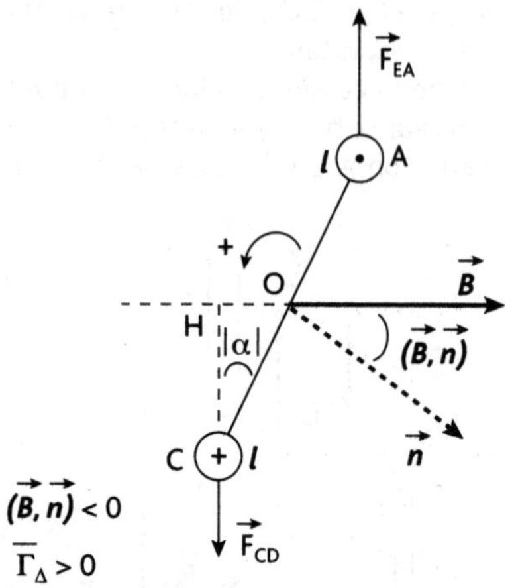

De même :

$\overline{\mathcal{M}}\vec{F}_{EA} = \overline{\mathcal{M}}\vec{F}_{CD}$

$\overline{\Gamma}_\Delta = 2\overline{\mathcal{M}}\vec{F}_{CD} = -2N \cdot \boldsymbol{I} \cdot CD \cdot OC \cdot \boldsymbol{B} \cdot \sin(\vec{\boldsymbol{B}}, \vec{\boldsymbol{n}})$

En remarquant que 2CD OC représente l'aire S du cadre on obtient :

$\overline{\Gamma}_\Delta = -N \cdot S \cdot \boldsymbol{I} \cdot \boldsymbol{B} \cdot \sin(\vec{\boldsymbol{B}}, \vec{\boldsymbol{n}})$

Conclusion :

L'action d'un champ magnétique uniforme sur un cadre est caractérisée par une force résultante nulle et un moment résultant Γ_Δ. Un tel type d'action s'appelle un couple. Γ_Δ est le moment algébrique du couple par rapport à l'axe Δ.

Équilibre du cadre :

Le cadre tourne librement autour de l'axe Δ. Il est soumis aux forces suivantes :
- son poids P,
- la tension du fil T,
- le couple électromagnétique.

Conditions nécessaires à l'équilibre :

$\vec{P} + \vec{T} = \vec{0}$ la tension doit équilibrer le poids $\overline{\mathcal{M}}_P + \overline{\mathcal{M}}_T + \overline{\Gamma}_\Delta = 0$.

Comme $\overline{\mathcal{M}}_P = 0$ et $\overline{\mathcal{M}}_T = 0$ puisque ces deux forces sont parallèles à l'axe, il reste $\overline{\Gamma}_\Delta = 0$

Soit $-N \cdot S \cdot \boldsymbol{I} \cdot \boldsymbol{B} \cdot \sin(\vec{\boldsymbol{B}}, \vec{\boldsymbol{n}})$, ou puisque $N \cdot S \cdot \boldsymbol{I} \cdot \boldsymbol{B} \neq 0$ $\sin(\vec{\boldsymbol{B}}, \vec{\boldsymbol{n}}) = 0$.

Il y a deux positions d'équilibre :

$(\vec{B}, \vec{n}) = 0$, $\vec{n}$ est colinéaire à $\vec{B}$ et de même sens,

$(\vec{B}, \vec{n}) = \pi$, $\vec{n}$ est colinéaire à $\vec{B}$ et de sens contraire.

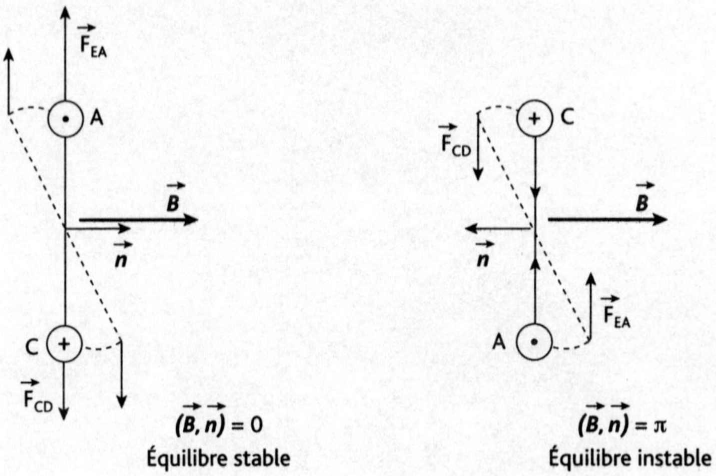

Remarque : cas d'un aimant dans un champ uniforme

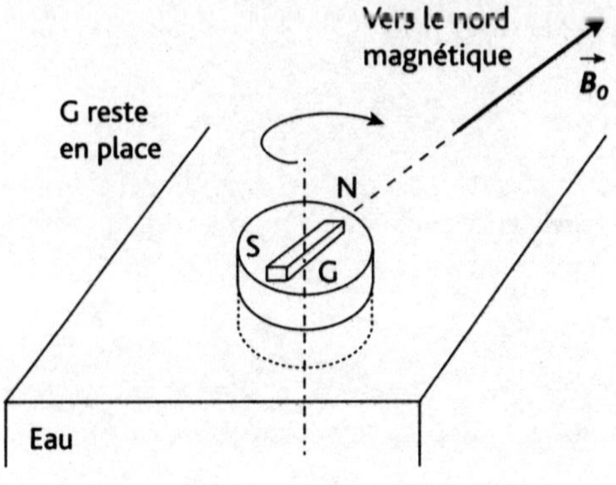

L'aimant se comporte comme un cadre et l'action magnétique se réduit à un couple.

L'aimant possède deux positions deux positions d'équilibre :

• Le vecteur SN est colinéaire au vecteur champ magnétique B_0 et de même sens, l'équilibre est stable. C'est le cas lorsque la boussole montre le nord magnétique.

• Le vecteur SN est colinéaire à B_0 mais de sens contraire, l'équilibre est instable.

PARTIE XXII

CHAMP MAGNÉTIQUE PRODUIT PAR UN COURANT

Il faut considérer les courants électriques comme des générateurs de champs magnétiques.
Dans un circuit électrique parcouru par un courant, le circuit produit en tout point de l'espace un champ magnétique B.
• La direction du vecteur B est déterminée par la forme du circuit et la position des points par rapport au circuit.
• Le sens de B dépend du sens du courant.
• Le module de B dépend de l'intensité du courant qui le crée.

1. Champ magnétique créé par un fil infiniment long

• Le vecteur champ magnétique ***B*** est tangent aux lignes de champ, il est perpendiculaire au conducteur rectiligne.

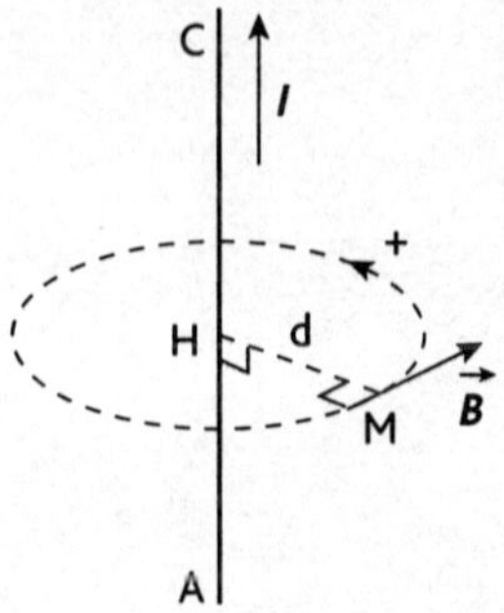

Vecteur champ magnétique en un point M.
AC est le conducteur.
H est la projection de M sur le conducteur AC.
d est la distance qui sépare M du conducteur.

• ***B*** a le sens des lignes de champ (sens donné par les règles de la main droite).
• Son module est :

$$B = \frac{\mu_0 I}{2\pi d}$$

B : en Tesla (T)
$\mu_0 = 4\pi 10^{-7}$USI
I en Ampère (A)
d en mètre

μ_0 est la constante magnétique.

2. Champ magnétique créé par un solénoïde infiniment long

À l'intérieur du solénoïde le champ magnétique est uniforme, dirigé suivant l'axe, son sens est relié au sens du courant par la règle de la main droite.
À l'extérieur du solénoïde le champ magnétique est nul.

Le module du vecteur champ magnétique est proportionnel à ***I***, on montre de plus qu'il est proportionnel au nombre de spires ***n*** réparties sur une unité de longueur mesurée suivant l'axe du solénoïde et qu'il ne dépend pas du rayon du solénoïde.

$$\boxed{B = \mu_0 \cdot n \cdot I}$$

B : en Tesla (T)
$\mu_0 = 4\pi 10^{-7}$USI
I en Ampère (A)
n en spire par mètre

En pratique on utilise cette formule dans la zone centrale d'un solénoïde ayant une longueur dix fois supérieure à son rayon.

PARTIE XXIII

L'INDUCTION ÉLECTROMAGNÉTIQUE

Le phénomène d'induction électromagnétique est à l'origine de la majeure partie des courants électriques utilisés.

1. Rappel de la loi d'Ohm

• Pour mesurer l'intensité algébrique i d'un courant on choisit un sens positif. Le courant conventionnel est indiqué par une flèche ***I*** :
i = ***I*** si le courant circule dans le sens +,
i = $-$***I*** si le courant circule dans le sens –.

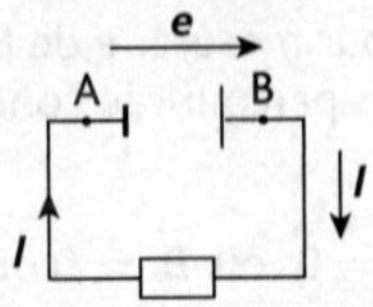

• On considère un générateur de force électromotrice (f.é.m) ***E*** et de résistance interne ***r***.
Pour algébriser la f.é.m il est commode d'utiliser une flèche ***e*** orientée du pôle négatif vers le pôle positif :
– la f.é.m algébrique ***e*** est positive (et égale à E) si la flèche e a le sens +,
– la f.é.m algébrique ***e*** est négative (et égale à – E) si la flèche e a le sens –.

• Considérons le dipôle AB en prenant ses bornes dans le sens imposé par le sens + : d'abord A puis B.
La tension algébrique $V_A - V_B$ est reliée à l'intensité algébrique **i** et la f.é.m algébrique ***e*** par la loi d'Ohm :

$$V_A - V_B = r \cdot \mathbf{i} \cdot e$$

Sens positif pour mesurer **i** et ***e*** de A vers B.

2. Induction par le déplacement d'un conducteur dans un champ magnétique constant

• Considérons un conducteur MN placé dans un champ magnétique uniforme et constant. Ce conducteur est animé d'un mouvement de translation par rapport à la Terre, de vitesse v.
• Chaque porteur de charge situé dans MN subit une force magnétique **Fm** :

$$\vec{Fm} = q \cdot \vec{v} \wedge \vec{B}$$

• Tout se passe comme si chaque porteur de charge était soumis à un champ électrique tendant à l'entraîner : c'est le champ électromoteur **Em** :

$$\vec{Em} = \vec{v} \wedge \vec{B}$$

$\vec{Em}$ champ électromoteur en V / m.

$\vec{v}$ vitesse de translation de la portion de circuit.

• Si le circuit est en translation dans le champ magnétique uniforme et constant, le champ électromoteur est le même en tous ses points : il est uniforme.
• Si le circuit comporte une partie fixe et une partie en mouvement, par rapport à la Terre, le champ électromoteur n'apparaît que dans la partie en mouvement.
• La f.é.m *e* induite qui prend naissance dans un conducteur en translation dans un champ magnétique uniforme est donnée par l'expression :

$$e = \vec{Em} \cdot \vec{MN}.$$

On choisit le sens positif pour mesurer e de M vers N.
Un courant induit peut alors parcourir le conducteur MN.
La f.é.m induite *e* est nulle :

si $\vec{Em} = \vec{0}$ c'est-à-dire $\vec{v} = \vec{0}$ ou $\vec{B} = \vec{0}$ ou si $\vec{v} // \vec{B}$
si $\vec{Em} \perp \vec{MN}$.

Cas particulier :

Dans le cas où le trièdre $(\vec{v}, \vec{B}, \vec{MN})$ est trirectangle, $\vec{Em}$ est parallèle à $\vec{MN}$ et a pour module $Em = v \cdot B$.
On pose $MN = \ell$

$e = v \cdot B \cdot \ell$ — $\vec{Em}$ a le sens positif

$e = -v \cdot B \cdot \ell$ — $\vec{Em}$ a le sens négatif

Flux à travers un circuit plan :
Soit un circuit plan fermé ou presque fermé. On choisit un sens positif qui permet de définir un vecteur unitaire normal.

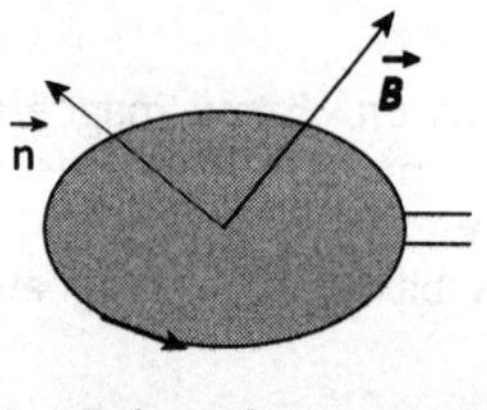

$\vec{n}$ est le vecteur unitaire normal :
– de norme ℓ,
– perpendiculaire au plan du circuit,
– de sens donné par la règle de la main droite.

Ce circuit de surface **S** est plongé dans un champ magnétique uniforme ***B***.
Par définition le flux Φ à travers le circuit est :

$$\boxed{\Phi = S \cdot \vec{n} \cdot \vec{B} = S \cdot B \cos(\vec{n}, \vec{B})}$$

Φ s'exprime en Weber (Wb) si **S** est en m^2 et ***B*** en T.
Remarque : le flux est une grandeur additive.

• **Autre expression de la f.é.m induite :**
Soit un conducteur MN en translation à vitesse constante dans un champ magnétique uniforme.

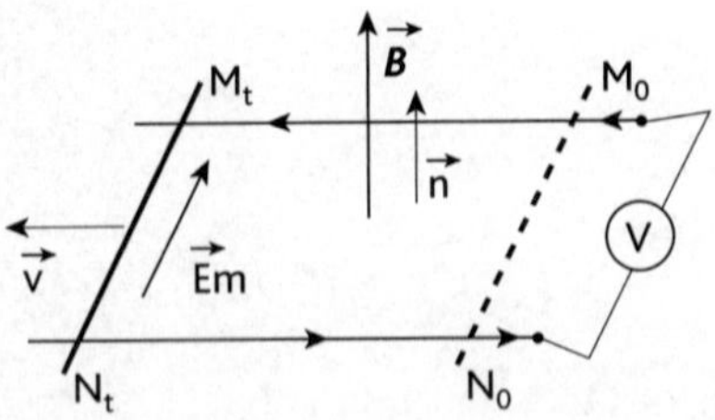

Avec le sens + choisi, le sens électromoteur est dans le sens négatif.
La f.é.m induite est :

$$e = -v \cdot B \cdot \ell$$

ℓ est la longueur de la barre baignée dans le champ magnétique.

Pendant l'intervalle de temps δt la variation de flux à travers le circuit est :

$$\boxed{\delta\Phi = B \cdot v \cdot \delta t \cdot \ell} \quad e = -v \cdot B \cdot \ell \quad \text{donc :} \quad e = -\frac{\delta\Phi}{\delta t}.$$

Généralisation :
La formule précédente s'applique à tout circuit fermé traversé par un flux.
Cependant cette formule détermine en fait la valeur moyenne de la f.é.m algébrique pendant la durée δt.
Pour avoir plus précisément la f.é.m à un instant **t** il faut faire tendre δt vers zéro et considérer la dérivée du flux à travers le circuit.
La f.é.m induite instantanée est donc :

$$\boxed{e = -\frac{d\Phi}{dt}}.$$

3. Loi de Lenz

Soit un circuit fermé parcouru par un courant induit. En calculant la f.é.m induite algébrique *e*, à l'aide du champ électromoteur ou bien du flux à travers le circuit, on peut en déduire l'intensité algébrique **i** du courant induit, puis le sens du courant.
Le sens de ce courant peut également, être déterminé par la loi de Lenz : « le courant induit a un sens tel, que par ses effets il tend à s'opposer à la cause qui le produit. »
– Si le courant induit est dû à un déplacement, le courant induit tend par ses effets à s'opposer au déplacement qui lui donne naissance.
– Si le courant induit est dû à une variation de flux à travers un circuit fixe, le courant induit tend par ses effets à modérer la variation de flux du conducteur.

NOTES

NOTES

NOTES

NOTES

NOTES

NOTES

NOTES

NOTES

NOTES

NOTES

NOTES

NOTES

NOTES

NOTES

NOTES

NOTES

NOTES

NOTES

NOTES

Collection Principes
Studyrama

	Références
CULTURE GENERALE	
100 auteurs et concepts contemporains	***532***
1000 QCM d'anglais	***651***
130 thèmes de culture générale	***612***
500 QCM de philosophie	***736***
De Thalès à Einstein, l'histoire de la science à travers ses grands hommes	***693***
Fiches de culture générale	***605***
L'ABC de la Bible	***653***
L'action - Prépas commerciales 2007/2008	***675***
L'échange - Prépas commerciales 2002/2003	***557***
L'argent – Prépas scientifiques 2010-2011	***539***
L'indispensable de la Bible	***577***
L'indispensable de la culture générale : la peinture	***558***
L'indispensable de la culture générale : la psychanalyse	***560***
L'indispensable de la culture générale	***537***
L'indispensable de la culture musicale	***576***
L'indispensable de la littérature française	***555***
L'indispensable de la mythologie	***592***
L'indispensable de la philosophie	***652***
L'indispensable de la sociologie	***569***
L'indispensable du cinéma en 120 films	***533***
La beauté – Prépas commerciales	***733***
La croyance - Prépas commerciales 2003/2004	***563***
La justice - Prépas commerciales 2005/2006	***603***
La passion - Prépas commerciales 2004/2005	***585***
La science - Prépas commerciales 2006/2007	***643***
La vie – Prépas commerciales 2009/2010	***752***
La vieillesse : thème de culture générale 2010 à Science Po	***775***
Les énigmes du moi- Prépas scientifiques 2009/2010	***725***
Les médias : thème de culture générale 2010 à Science Po	***776***
Les puissances de l'imagination - Prépas scientifiques 2006/2007	***635***
Manuel de culture générale – Prépas commerciales	***740***
Penser l'histoire - Prépas scientifiques 2008/2009	***673***
Réussir l'épreuve de culture générale à Sciences Po	***616***
Tests de logique aux concours des écoles de commerce	***640***

LANGUES

METHODOLOGIE

mù cùo : 07.12.10.

34/38, rue Camille-Pelletan - 92309 Levallois-Perret cedex
Imprimerie France Quercy - 46090 Mercuès - N° 01644/
Imprimé en France - 3e trimestre 2010

Service éditorial : Marjorie Champetier, Elsa Goisnard, Deborah Lopez, Marie Tourat
Conception graphique : Edicompo, Reims
Crédit photographique : © John Photon - Fotolia.com

Dépôt légal à parution
ISBN 978-2-7590-1053-0